昆虫はもっとすごい

丸山宗利　養老孟司　中瀬悠太

光文社未来ライブラリー
0023

序文　養老孟司

丸山宗利さんの『昆虫はすごい』（光文社新書）が売れている。そう聞いて、ちょっと驚いて、同時にそうかもしれないなあ、とも思った。以前から思っていることだけれど、日本全体が都市化してきて、いわば相対的に自然が不足してきた感があった。多くの人が「なにか足りないよ」と感じていて、それが自然志向になったのだろう。それで当然で、それでいいのだと思う。でもそれではまだまだ飽き足りない。もっと本格的に自然を知りたい。そういう人まで多くなってきた。それが丸山さんの本が売れた理由じゃないか。私はそんなふうに感じたのである。そして、この鼎談《ていだん》につながった。

丸山さんの『アリの巣の生きもの図鑑』（共著、東海大学出版会）は実に面白い。写真集だが、こんなものが写せるんだ、とビックリする。若いころからアリは面白いと思っていた。でも自分が生きている間に、ここまで来るとは思っていなかった。そういう意味では、長生きはするものですね。

虫屋は虫の話さえできれば、あとはどうでもいい。どんな人だろうが、虫が好きなら問題はない。問題のある人もいるかもしれないが、それはどの業界だって同じであろう。丸山さんは典型的な虫屋で、だからそれでいい。こちらに用事があって連絡しても、不在のことも多い。世間のお付き合いからすれば不自由だが、いないときはどうせ虫捕りに行っている。それなら許せる。

丸山さんと対談しないかと編集者が言うから、じゃあ中瀬くんも入れてよ、と言った。ネジレバネなんて変なものを調べている。じゃあそれしか知らないかといったら、虫全般のことに関してやたらに詳しい。私は根っからのアマチュア、素人だから、相手が丸山さんのような専門家では荷が重い。中瀬くんのような専門家の卵にも参加してもらって、適当にごまかそうと思った。

お二人の話を聞いていると、本当に勉強になりますなあ。なにより虫が好きで、その驚異を日頃身をもって感じている。そこがとてもいい。天下国家の大事に懸命になる。それはそれでわかる。でもそれはそもそも大事なのだから、当たり前ではないか。たかが虫ケラ、それに懸命になるのも人である。そこからなにがわかってくるのかといえば、この本を読んでいただければいい。虫については、ここで触れられなかった大きな話題も実は無数にある。

将来の生物学の問題意識は共生に向かうだろう。それは私がなんとなく感じていることである。この鼎談の内容でもおわかりになると思うが、丸山、中瀬のお二人はそれをテーマにしている。その先には、これまでの生物学が例外として扱ってきた現象が、むしろ一般的なものとして現れてくるに違いない。生き物はたがいにつながりあっている。それで当然だと私は思うが、19世紀以来のいわゆる西欧近代文明は、そこに重点を置かず、いわばそれを無視してきた。お二人の将来の研究が楽しみだが、まあ私の寿命があまり残っていないのがちょっと残念である。

はじめに　丸山宗利

　はじめて養老孟司先生にお会いしたのは6、7年前のことで、それほど長いおつきあいではない。たしか講演で福岡に来られた後、退官後に私の職場（九州大学総合研究博物館）で研究を続けられているゾウムシの権威、森本桂先生にお会いするためだったと思う。その際、どういう経緯だったか、養老先生と私の二人でじっくりお話しする時間をいただいた。

　私はアリの巣に共生する昆虫を専門にしているが、養老先生も古くから興味を持たれていたようで、いろいろなお考えを教えていただくとともに、先生の過去の研究内容について、その部屋にあった黒板で一対一の講義までしていただいた。なんとも贅沢な時間だった。

　養老先生の柔軟な思考に基づくご意見は、私の研究においても大変参考になったことは言うまでもないが、そのときに感激したのは、私のような若造に懇切丁寧、そしてとてもわかりやすく教えてくださったことである。これまで数知れない大先生方とお会いしてきたが、養老先生ほど親切に教えてくださった方はいらっしゃらなかった。そういう私自身、これから歳をとって、初対面の若い研究者と会ったときにそれができるかと言われたら、少し自信がない。養老先生は他人に何かを教える労を厭わない。私はそのときは単純に感激してしまったが、改めて考えてみると、そうした姿勢こそが、読者の心に訴えかけるような、数多《あまた》のご著書のわかりやすい文章に直結しているのだろうと確信した。

中瀬君との付き合いは少し長い。彼が学部生のころから知っているが、学会かどこかで初めて会って、虫のことを本当によく知っていることに驚いた。根っからの昆虫少年というわけではなく、大学に入ってから本格的に勉強したというが、だからこそ図鑑だけで終わってしまった虫好きとは違うし、細かいことまで調べているなと感心した。彼と何度か海外調査に同行したが、夜はいつも虫の話になり、彼から教えてもらって初めて知ることもたくさんあった。

昆虫学者には、自分の研究対象以外のことを知らない人が少なくない。しかし、「雑学」とも揶揄《やゆ》されがちな幅広い知識がないと、結局、自分自身の研究も面白くならないのである。つまり、うすっぺらい研究になってしまう。そういう例をたくさん知っているので、私は自分の学生には、昆虫全般のことを、ひいては生物全般の面白い事象をたくさん知っておくように口を酸っぱくして言っている。その点で中瀬君は同世代の若手研究者のなかでは群を抜いていろんなことをよく知っていて、とても頼もしい存在である。

　柔軟で教え上手の養老先生に物知りの中瀬君。今回の鼎談は私にとってはただただ楽しい時間で、目から鱗が落ちることが何度もあった。もしかしたら読者の皆さんは、3人の度を越した虫好きな様子に引いてしまうかもしれないが、そこもまた本書の面白いところかもしれない。もちろん、虫好き3人がただ雑談したわけではなく、前作『昆虫はすごい』で語り尽くせなかった昆虫にまつわる面白い事象、さらには虫好きたちの昆虫を上回るほどの面白い生態を紹介する意図でこの企画は進められた。この本を手に取られた方には、きっと虫の奥深い世界の一端が伝わるのではないかと思う。

昆虫はもっとすごい　目次

第2章 社会生活は昆虫に学べ！

第3章　あっぱれ！　昆虫のサバイバル術

第4章　昆虫たちの生きる環境は今？

第1章

昆虫の面白すぎる生態

なぜ今、昆虫なのか？

丸山　今回は、拙著『昆虫はすごい』の思いがけぬヒットから生まれた昆虫ブームを受けて、解剖学者としてだけでなく無類の昆虫好きとしても有名な養老孟司先生と、僕の知り合いで国立科学博物館の若手研究者・中瀬悠太くんにお集まりいただきました。「虫屋」の3人で昆虫の魅力を存分に語りつつ、読者のみなさんはもちろん、僕たち自身にとっても発見があればと思い、鼎談の場を設けさせていただきました。

養老　二人とも、久しぶり。丸山さんとは6、7年前の講演会以来の付き合いだし、中瀬くんにも昆虫標本の整理のために箱根の家にはよく手伝いに来てもらって。今回は丸山さん、中瀬くんにいろいろと聞けるということで楽しみにしていました。

中瀬　いえ、こちらこそ。僕は昆虫の研究者ではありますが、「虫屋歴」でいえば養老先生のほうがずっと長いですから。

養老　そうか、中瀬くんはまだ二十代だもんな。それで、二人は知り合いなんだよね？

中瀬　ええ、昆虫の世界はとても狭いので。若手の昆虫学者はほとんど知っていると思います。

丸山　そうですね。僕はもう四十を超えましたし、学生たちを指導したり怒ったりする立場になっているので、若手かどうかはわかりませんが。

養老　とにかく、なんでもざっくばらんに話せそうでよかった。

丸山　ぜひ、ざっくばらんにいきましょう。この3人で、昆虫の驚くべき生態とその面白さについて、ひたすら語り合っていきたいと思います。今回は、前著『昆虫はすごい』のテーマだった「人間がしていることは、すでに昆虫がやっている」をさらに発展させて、「人間は昆虫から何を学べるか」ということはもちろん、僕たちの昆虫少年時代の話から未来の話までできれば、と。

養老　いつもは虫屋同士で集まっても、「なぜ昆虫に魅せられたか」なんて個人的な昆虫ヒストリーを語らないのはもちろん、人間になぞらえた生態とか昆虫と自然といったマクロの話はあまりしないからね。顔を合わせれば「この昆虫はどこどこにいた、この前採集に行ったこの山には何々がいた」ばっかりで。

丸山　「この標本すごいですね！」とか。

養老　そうそう（笑）。ところで、『昆虫はすごい』はずいぶん評判になったけど、特にどんなところが反響を呼んだの？

丸山　やっぱり、人と重なる部分ですよね。農業をするとか、結婚詐欺をするとか。たとえば、ホタルが光るのは求愛行動である、というのは一般的にもよく知られていることですが、北米にはそれにつけ入る悪いやつがいる、みたいな話。ホタルというと水辺で光る風情あふれる昆虫……といったイメージがありますが、北米に棲むポトゥリス属のホタルは肉食で、この別属のホタルであるポティヌス属もエサにします。

養老　ポトゥリス属とポティヌス属。

丸山　はい。ややこしいですが。しかも、ポトゥリス属はただつかまえて食べるんじゃなくって、ポティヌス属の雌と同じ信号を出して、まんまと引き寄せられた雄を食べるんです。食べられながらも未来の伴侶に呼びかけるように、最後まで弱々しく光る哀れなポティヌス属の雄……という話はなんとも哀愁を感じるのか、みなさんとても共感されていましたね。

ポティヌス属のホタルの雄　©丸山

養老　昆虫と人間を重ね合わせることで、虫に興味がなかった現代人でも何か感じることがある。この本がベストセラーになったということは、今の世の中に、自然回帰的な雰囲気があるのかもしれないね。これが1980年代、バブルのころだったら絶対に売れていなかったでしょう。あのころはみんな、都会にしか興味がなかったから。

丸山　そうですね。あと、やはりかつての昆虫少年が、その面白い生態にあらためて惹かれたのではないかと思います。

すべてが謎のネジレバネ

養老　昆虫の面白い生態といえば、なんといっても中瀬くんの研究だよ。中瀬くんが専門にしているネジレバネの面白さは、昆虫界でもトップクラスだよね。なんとなくわかっているようで全然わかっていないし。僕もたくさんの虫屋に会ってきたけれど、ネジレバネを専門に研究している人って珍しいんじゃない？

中瀬　ええ、ネジレバネは寄生性の昆虫ですが、寄生生物の研究自体がそこまで進んでいるわけではないので。

養老　ただでさえ謎めいている寄生生物のなかでも、ネジレバネは突出しているよね。

中瀬　はい、とにかくすべてが興味深いですね。ほんの一例ですが、ネジレバネの雌は頭部以外すべて卵巣みたいなもので、とにかく生殖のためだけに生まれてきたんじゃないかと思えるほど。また、雄は成虫になったら数十分程度で死んでしまうとか、雄と雌で寄生先が違う種がいるとか、変な生態を挙げればキリがありません。ちなみに、寄生の仕方は「飼い殺し寄生者」タイプ。寄生バチなんかだとだいたい宿主（寄生先）を殺して体外に出てくるのですが、あくまで生かしたまま、リンパから栄養をもらって寄生するんですね。

丸山　寄生といえば、あまり有名ではないところだとナマクビノミバエのように、宿主であるアリの頭を切り落として殺す残酷なやつもいますからね。

中瀬　あと、雌は成虫になってもウジ状のまま宿主の体内に留まるという点が、大きな特徴かもしれません。

丸山　普通、一時的に寄生しても、ある程度栄養をもらって成長したら宿主を食い破って外に出る種が多いけれど……。

中瀬　ネジレバネの雄は成虫になったら出ていきますが、食い殺しはしません。一方で、雌は寄生したらそのまま一生、死ぬまで宿主の体内で過ごします。そのために、雌の成虫は足も翅《はね》もない、幼虫のような姿をしているんですね。じゃあ、交尾はどうするか？　実は、横着なことに、交尾のときすら宿主から出てきません。雄を誘引するフェロモンを出したら、あとは宿主の体内から頭にある交尾器を突き出して雄が来るのを待つだけです。

養老　一方で、雄は宿主の体から出ていったら、結構ちゃんと力強く飛ぶんだよな。

中瀬　そうですね。ただ、いかんせん命が短いので一瞬ですけど。ちなみに、ネジレバネの雌だってふ化直後の一齢幼虫のときにはちゃんと触角や目、足があって昆虫らしい姿なんですよ。でも、それらを使って宿主を探し、無事に見つけて寄生に成功したらそのまま宿主の体内で脱皮します。そうして、足も翅もない二齢幼虫になるんです。

虫好きも嫌いな虫

養老　面白いよなあ。でも、ちょっと気持ち悪いよね。僕、柔らかい虫って苦手なんだよ。ゴキブリみたいな嫌われ害虫は全然平気なのに。

丸山　先生にも苦手な虫がいるんですね。僕も毛虫、ダメです。

養老　そうでしょ。どんな虫屋にも嫌いな虫って絶対いるもんですよ。「好き」という感性があるなら、「嫌い」という感性もある。プラスだけということはあり得ないんです。そもそも虫に興味がない人にとっては、好きも嫌いもないですからね。僕の場合、クモ類やダニも本当にダメ。ゲジゲジなんて大嫌いだよ。

中瀬　私はちょっと前まで、ハバチの幼虫のように黒くて小さい虫がびっしり群れているのを見るのが嫌だったんですけど、最近は克服しました。
養老　へえ、克服できるものなんだ。
中瀬　はい、一匹一匹の虫をよく見れば可愛げがあるじゃないか、と。
養老　ハハハ、可愛げ。
中瀬　でも、どうしても……ふっくらした芋虫だけは克服できませんね。ボテっとしていて、つつくと破れそうな、スズメガの幼虫のような。

芋虫（メスアカミドリシジミ）

丸山　ああー、ボテっとしているくせに、触ると思いのほか機敏に暴れたりするしね。たしかに、あれは嫌だな。
中瀬　昆虫に対する嫌悪や恐怖の気持ちは、もちろん養老先生がおっしゃったような個々人の感性の問題もあります。ただ、それ以前に、私たちが動物として持っている本能が生み出しているのではないかとも思うんです。強い動物、つまり食物連鎖のピラミッドの上にいるような動物（捕食者）でさえ本能的に「うわっ、嫌だな」と思ってしまうような色形をすることで、小さい虫たちは身を守っている。だから、嫌ってあげるのも礼儀かなと思うわけですが。

丸山　そうそう。アゲハチョウやアケビコノハの幼虫が持つ目玉模様は天敵である鳥対策だと言われているけれど、それで警戒するのは鳥に限ったことではないんだよね。人間含め、多くの強い動物が「うわっ」と思うように長い年月をかけて幼虫自身が進化してきているんだと思う。いかにも恐ろしい、まがまがしい見た目をしているのは非力な幼虫の数少ない防衛手段だから。

養老　でも、そうした生理的、本能的な「嫌い」に加えて、僕の場合はもうひとつ理由があるんだよ。

丸山　なんでしょう？

養老　柔らかい昆虫は標本にするのもひと苦労だから、どうも嫌なんだよね。ふにゃふにゃして、うまく形にならない。僕は小学校4年生から標本づくりをしているけれど、始末の良さもあって甲虫《こうちゅう》（堅く厚い前翅《ぜんし》が体を覆っている鞘翅《しょうし》目に属する昆虫の総称）が好きだったな。まあ、靴で踏みつけても潰れないくらい頑丈なクロカタゾウムシなんかは、標本用の針が貫通しないからそれはそれで大変だったけど。ネジレバネ、大変じゃない？

中瀬　うーん、たしかに、柔らかい昆虫をきれいな標本にするのは難しいです。とはいえ、ただ保存するだけだったらアルコールにジャブっと漬けてしまえばいいんですよね。それくらい雑なことをしても、ある程度は形が残りますから。私は、標本に関してはざっくりとしたつくり方で満足できるタイプなので、「柔らかい昆虫は嫌だ」とはならなかったのかもしれません。

「寄生」研究はひと苦労

丸山　そもそも、中瀬くんはどうしてネジレバネに行き着いたの？

中瀬　研究対象を探すときに、「なるべく研究が進んでいなくて、珍しく、かつ面白い寄生生物」を念頭に置いていろいろ考えていて。そのなかでネジレバネという奇妙な生態を見つけた、という感じです。

養老　へえ、もともと寄生生物に興味があったんだ。寄生生物ってさ、ほかの昆虫に頼らず独立して生きていくことはできないでしょ？　つまり、ただネジレバネだけ研究すればいいのではなくて、宿主であるほかの昆虫まで調べないといけないわけだよね。

生物の分類

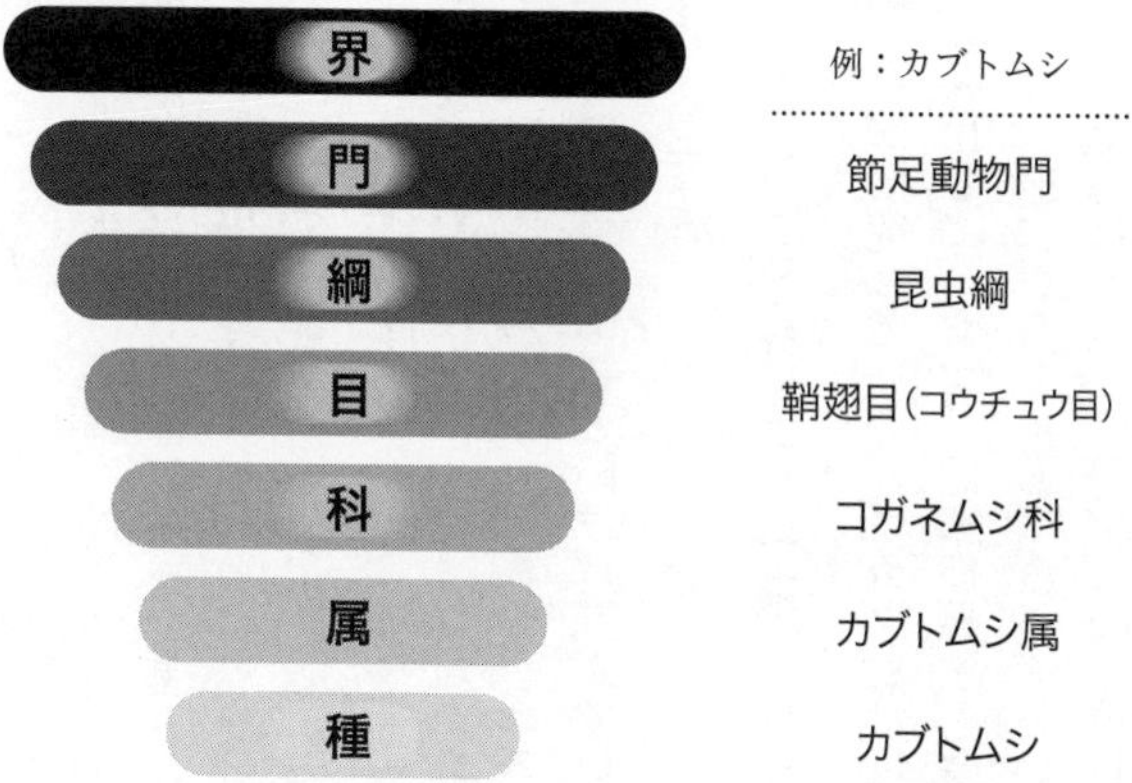

中瀬　そうですね。ネジレバネ単体でもわけのわからない部分が多いのに、寄生対象の昆虫まで研究するのはちょっと大変です。というのも、ネジレバネ約600種に対して、寄生先がわかっているだけで7つの目もあって。ネジレバネの種の種類に対して宿主の種類が多いのも、特徴のひとつなんです。

養老　それは大変だ。

中瀬　ですから、それぞれの専門家に聞いたり自分で調べたり、地道にやるしかないですね。

丸山　じゃあ具体的に、ネジレバネはどうやって見つけるの?

中瀬　やっぱり、宿主をつかまえるところからです。スズメバチに寄生するネジレバネをつかまえたいと思ったら、ハチの巣を開かなければいけないですし。

丸山 森に行って1匹ずつつかまえるわけじゃないでしょ？

中瀬 たとえばクロスズメバチであれば、食用で飼育している地域があるんですね。それで、そういう地域ではだいたい年に一回、ハチの巣の大きさを競うコンテストが開催されるんですよ。そのコンテスト会場に行って、巣を解体したあとのカスをもらってそこから採集する、ということもやります。

養老 へえ、なるほど。ハチノコ（クロスズメバチの幼虫の通称）をおかずにして食べる地域では、そんなコンテストがあるのか。

中瀬 はい、巣があると聞けば飛んでいっています。

「寄生」も「共生」の一種

丸山 私が研究しているハネカクシは世界に5万種以上もいるのですが、その一部はアリと共生しています。好蟻性《こうぎせい》昆虫と言って、アリのふりをして巣に入り込んだりすることで一緒に暮らしてしまう……というより、アリに依存して生きる虫です。好蟻性昆虫を最初にしっかり研究した草分け的な存在は、オーストリアのエリッヒ・ワズマンという人です。この人が基礎をしっかりつくり、次にアメリカのデイヴィッド・キストナーが世界中探検に出かけていろいろな好蟻性昆虫を採集し、一気にガーッと記載した。ただ、世界中といっても、アジアは手薄だったんです。それに、キストナー以来、しばらく好蟻性昆虫を専門でやっている人がいなかった。ですから、私が三代目のようなものです。

キンボシハネカクシ

養老 共生される対象として、アリは代表的な存在だよね。

丸山 はい、アリを嫌う昆虫が多いですから。逆に、「アリの巣に入ってしまえばこっちのもんだ」という感じなのでしょう。「アリとキリギリス」みたいにアリがせっせと運んできたエサもあるし、アリの幼虫もいるしで食うには困りませんからね。

養老 タダ住まいのくせに幼虫を食うなんてなあ。

丸山 というと、「それって寄生じゃないの？」と思われる方も多いと思います。実は、かつては「寄生」と「共生」は別物だと考えられていました。けれど、「利益を享受するもの」と「害を被るもの」がいる寄生と、お互いに良い影響を与える共生は地続きの部分も多い。どうやら、明確に線引きできないぞ、ということがわかってきました。ここでは、好蟻性昆虫は「共生」ということで統一したいと思います。ちなみに今は、学術的には共生のひとつの形として寄生があると考えられていて、研究が進んでいたのはお互いに利益がある「相利《そうり》共生」です（ほかにも、片方に利益があり、片方には利害が発生しない「片利《へんり》共生」などがある）。

中瀬　「共生」は長い間、研究者のなかでも注目のテーマだったんですけど、こと「寄生」に関してはあまり盛り上がっていなくて。ほら、共生って「一緒に棲む」感じがしますし、お互いに利益を享受することもある関係ですから、見ようによっては美しいじゃないですか。まあ、養老先生のおっしゃるとおり図々しくも幼虫を食ったりしてはいるんですけど、一般の人もなんとなく感情移入しやすいんじゃないかと思います。一方、寄生というと、「パラサイトシングル」なんて言葉が流行ったように悪いイメージを持たれがちなんですよね。

丸山　あと、寄生の研究がいまいち進んでこなかった理由がもうひとつあります。寄生性の昆虫は食物連鎖のピラミッドのなかでの位置を定めにくい、ということです。

養老　なるほど、そうだね。

知らないことを知りたい欲望

丸山　食べられるものが下位に、食べるものが上位に位置する食物連鎖のピラミッドに寄生虫を配置したら、ピラミッドの頂点に行けば行くほど寄生虫の種が増えていくはずです。だって、寄生虫は捕食者であって、食べられることが少ない存在ですから。でも、普通、ピラミッドの頂点部分に位置するのは人間やイヌワシのような大型肉食動物です。小さな小さな、肉眼で見えないような寄生虫がそこにうようよ分布していると、なんだか話がおかしいでしょう？　寄生虫を食物網の研究に入れるとどうも扱いづらくなってしまう、ならばいっそ無視してしまえ、ということで、長らく空気のような扱いを受けていたのかもしれません。要するに、いてもいなくてもいいと。

養老　でも、無視するといっても、実際存在しているわけで。

中瀬　そうなんですよ。そういう話を耳にしたり調べたりするうちに、寄生虫というやつは一体どんな生態をしていて、どんな活動をしているのだろう、と興味を持ったのが、僕が寄生性昆虫の研究を始めたきっかけです。あと、やっぱり、「今までに誰も明らかにしてこなかったことを知りたい、新しい発見をしたい」という欲求を満たしたかったので。

養老　それが本質だよね。その根本の欲を失ったら、もはや科学者ではないでしょう。昆虫は一種一種ユニークな存在で、まだまだ未知のことがたくさんある。この時代に「解明されていないことがある」ということ自体が、面白くてやめられない。もちろん、すでに解明されていることでも自分が知らなかったらそれは未知のことで、やっぱり面白い。

丸山　おっしゃるとおりです。

養老　でもさ、それって、「誰も知らないことを知りたい」ともまた違うんだよね。これ、一般の人たちが誤解していることなんだけど、研究者って世間の評価や名声がほしいとか、威張りたいとか、そんな気持ちで動いているわけじゃなくて、ただ純粋に、「自分が知らないことを知りたい」だけ。さっきもちょっと言ったけれど、人から教わろうが、本を読もうが、知らなかったことを知ったらびっくりするんだよ。当たり前だけど、本なんて、すでに誰かが見つけたことしか書いていないじゃない。それでも興奮するし、嬉しくなるの。「発見」という言葉の主体は、自分だけ。「もうわかっていることを知って何が嬉しいんだ」って思われるかもしれないけど、そういう人だって、ハワイだのエジプトだのフランスだのの手垢がついたような定番の観光地に行くのは、そこに自分なりの発見があるからでしょ。たぶん、研究者のマインドはそれに近いんだよね。もちろん、未踏の地を見つけたときの喜びったらないけど。

中瀬　実際、ネジレバネに関してはまだまだわかっていないことだらけなんですよ。むしろ、明らかになっていないことのほうが多いと言っていいかもしれません。アリネジレバネ科の雄はアリに、雌はキリギリスやコオロギ、カマキリといった直翅類《ちょくしるい》に寄生するのですが、雌を見つけるのが本当に難しくて、雌雄の両方が見つかっている種はほとんどいません。アリネジレバネ科全体で100種くらい知られているなかで、雌雄の両方が確認されているのはたった5種なんです。

養老　5種！

丸山　それはまた少ないですね。

中瀬　そのなかでも、DNA配列の照合まで行って完全に雌雄の一致が確認されたのは2種だけです。

養老　いや、驚いた。そういうものなのか。あと、昔から疑問だったんだけれど、ネジレバネが寄生するスズメバチのライフサイクルは1年でしょう。

中瀬　はい。1年であのでかい巣をつくって社会生活をして、最後に女王蜂と雄を出したら解散、です。

養老　一体、そこにどういうふうに入り込んでいるのかな。

中瀬　実は、スズメバチに寄生するネジレバネが、宿主とどこでどうやって接触して感染しているのか、まだあまりわかっていません。ハナバチに寄生するグループであれば、花で待っていればハナバチがやってくる。つまり、戦略を持っていると言えますよね。でも、スズメバチに寄生する大型のネジレバネにはそんな戦略なんてちっともなさそうで。

丸山　決まった「やり方」が見つかっていないんだ……。

中瀬　雌は体内で卵を大量生産して、幼虫の形まで育ったら体外に放出します。このとき、大きい種であれば最大で2万という膨大な数の幼虫を撒き散らすんですね。それだけ数があると、適当にばら撒いているだけなんじゃないかと思えるんです。どうも、何万匹のうち1匹でも宿主に届けばいいや、という投げやりな感じがして。

養老　へえ～、実に面白いね。

虫屋トリオの少年時代

丸山　お二人が子供のころは、昆虫の情報収集はどのようにされていましたか？

中瀬　情報収集ですか？　まずは、やっぱり自分の目で実際の自然を見て、でした。

出身は三重の田舎ですから、環境には恵まれていて。中学校でいったん虫熱は冷めたのですが、高校で『シロアリの生態』という入門書を読んだのをきっかけに、また昆虫への気持ちが高まってきました。

丸山　あ、京都大学の安部琢哉先生の。

中瀬　はい。それで、次に読んだのが、バーンド・ハインリッチの『熱血昆虫記』。これは昆虫の体温調節について書かれた本なのですが、あまりの面白さにびっくりしました。「昆虫の研究をしたい」と強く思い直したという意味で、人生を変えた一冊ですね。そこからいろいろと昆虫の本を読むようになりましたが、実際に虫捕りを再開したのは大学のときでした。

丸山　虫がいっぱいいる環境、いいなあ。私は小さいころは新宿区と江戸川区に住んでいたので、近くに自然らしい自然はほとんどありませんでした。それに、今みたいにインターネットもなく、昆虫についての情報源は紙の本がメインだったんです。なかなか実際の昆虫に触れることができないまま、ひたすら図鑑を読み込んでは昆虫に焦がれる毎日でしたね。古い記憶にあるのは、小学館の昆虫図鑑。あと、小学校低学年のときに発売された、学研の『世界の甲虫』は糸が切れてボロボロになるまで読みました。

養老　いかにも昆虫少年らしいエピソードだね。私もそうだったから気持ちはよくわかるけれど。

丸山　それで、中瀬くんの『熱血昆虫記』のように私の人生を変えたのは、小学校中学年のときに読んだ、日高敏隆さんの『甲虫のくらし』という図鑑です。図鑑自体も最高に面白かったのですが、なにより刺激的だったのが、巻末のエッセー集。そこには岩田隆太郎さんや松井正文さんのような「当時は学生で今は大学教授」の方々が、見開き2ページずつでご自分の研究についてわかりやすくお書きになっていたんです。

中瀬　へえ、そんな図鑑があったんですね。

丸山　最後に著者である日高敏隆さんが、自分の子供時代の思い出としてモンシデムシについて書かれていました。「甲虫の成虫が子育てをする」といった生態の解説を読んだときに、「なんて不思議な生き物がいるんだ！」と衝撃が走って。シデムシなんて動物の死体に集まるやつで、子供が憧れるような虫ではないんですけどね。「いつか自分の目で見てみたい」と、まだ見ぬシデムシを想像しては目をキラキラさせていたと思います。それに、「昆虫の研究というのはこういうものなのか」と子供ながらに理解できたという意味で、僕の昆虫研究者人生の入り口ですね。今でもシデムシ

動物の死体を食べるヨツボシモンシデムシ

がいちばん好きな昆虫のひとつです。

中瀬　養老先生の時代は、どんなものを読まれていましたか？

養老　僕は、岩波文庫の『ファーブル昆虫記』。古本屋で買うから、そのとき売っていたものをバラバラに読んだだけだけど。あと、ウェルズの『生命の科学』。これも古本屋で買ったんだけど、恐竜の巻と、昆虫の巻だけ持っていたんだよね。19世紀の博物学の集大成ですよ。ほかには、平山修次郎が書いた『原色千種・續《ぞく》昆蟲《こんちゅう》圖《ず》譜《ふ》』も覚えてるな。これも戦前（1937年）に書かれた古い図鑑だけど、平山さんは手塚治虫も影響を受けたという有名な方ですね。あとは、東京農大のグループが書いた図鑑『原色 甲蟲圖譜』。でもね、写真の展足（標本にするために足を広げて固定させること）がちっともきれいじゃなかった。なんだか虫が踊っているみたいで、そこは減点だったけれど。

丸山　そうなんですね（笑）。それにしても、最近は子供向けの図鑑もかなり質が高くて驚きますよね。オールカラーだし、イラストも良いし、DVDがついていて動きもわかったり。小学館の図鑑NEOシリーズなんて、大人が読んでも十分に面白いでしょう。教科書もオールカラーで充実しているんですよ。出版社の方に見せていただきましたけれど、小学校の理科の教科書は、すごくよくできています。

養老　そんなに至れり尽くせりでいいのかねえ。

丸山　羨ましいことですが、情報量が多いからといって、興味を惹かれるとか、知識が身につくという単純なものではありませんからね。あそこまでお膳立てしてあると、想像を膨らませる余地もないかもしれません。中瀬くんは読み物を挙げていたけど、記憶に残っている図鑑ってある？

中瀬　大学のときにようやく『原色日本甲虫図鑑』を買ったのは覚えています。たしか4巻セットで、高かった記憶が……。

丸山　ああ、あれはいいね！　私も大学生になって、お金をためて買ったなあ。今読んでもいちばん網羅性が高くて、類書がないんだよね。難を言えば、現代からすると写真があまりきれいではないということかな。でも、もう絶版になって久しいのに、『原色日本甲虫図鑑』以来30年もああいう網羅性の高い図鑑は出てきていませんね。

養老　だって、30年前に比べて、甲虫だけで何千種も増えているでしょ？　どんどん新種は見つかるし分類体系も変わるから、全体を網羅する図鑑をつくるのも大変だよ。相当数の分冊にしないと、とうてい全種類は入りきらないでしょう。

デジカメが起こした出版革命

中瀬　たしかに。でも、この5～10年の間に、細かい分類群ごとの図鑑や昆虫に関する書籍はよく出るようになったと感じるのですが。

丸山　それは明らかにツール、特に、デジタルカメラの普及が大きいよね。

中瀬　高価な機材がなくても良い写真が撮れるようになったことで、出版の敷居が下がっているんでしょうね。昔は、「オトシブミ」「ツノゼミ」といったマニアックなくくりの図鑑、しかもカラー写真が載っている贅沢な造本のものはあまり目にしませんでしたけど、今は面白い形や生態の昆虫の図鑑が続々と出ています。

養老　それに関しては、知り合いの編集者から「オールカラーでも、部数を絞れば昔よりかえって出版しやすくなった」と聞いたことがあるよ。やっぱり、デジタルのおかげみたいです。僕が昔出した『養老孟司のデジタル昆虫図鑑』(日経BP)なんて、それこそ3万円の家庭用スキャナを使って昆虫を撮影してつくったものだからね。はじめはこんなことができるのかと驚いたけれど、立派な本になった。

丸山　写真集も、ただきれいな写真を載せるだけでなく、デジタル加工を活用するようになりましたよね。

養老　そうそう。最初にびっくりしたのは、小檜山賢二さんが出版芸術社から出したゾウムシの写真集『象虫　マイクロプレゼンス』。マイクロフォトコラージュという手法を使って撮られているそうで、「ええっ！　これが写真なの？」って信じられなかった。かえってCGみたいでね。イラストも潰れている、ボロボロの図鑑をめくっていた昔と比較して考えられないことです。丸山くんも中瀬くんも写真は自分で撮っているの？

丸山　はい。キヤノンのカメラに、同じくキヤノンのレンズ、MP-E65㎜をつけています。昔はオリンパスのOM-2、それこそデジタル以前の銀塩カメラを使っていました。そこに、ツインフラッシュをつけたりして。

中瀬　僕も自分で撮っています。とはいえ、まともに撮れるようになったのはここ2、

3年のことですが。機材は、古いものですがベローズ（カメラとレンズの間につけることで、マクロ撮影が可能になる蛇腹装置）を入手したので、それにパナソニックのミラーレスをくっつけて使っています。

丸山　ああ、そうか。ネジレバネは小さいから。

中瀬　はい。ベローズの先にさらに対物レンズをねじ込むという、ちょっと無茶な使い方をしているんです。古いものだからこそ、こんな思い切った使い方ができています。新品だったら怖くてとてもできません……。

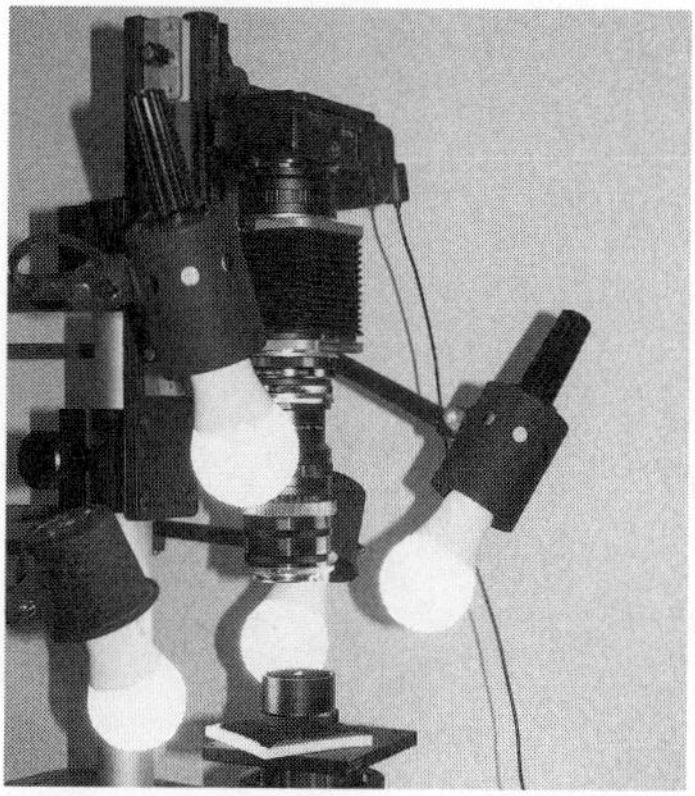
中瀬愛用のカメラ

丸山　今や、昆虫学者は昆虫写真家とも言えますよね。研究者のみなさんも、プロの写真家ばりに上手に撮られます。

養老　僕はオリンパスのTG-3やキーエンスを使っているけれど、全然ダメ。うまく撮れないんだよね。これは素朴な疑問なんだけど、どうして顕微鏡についているカメラはうまくピントが合わないのかな。

丸山　うーん、顕微鏡はやっぱり、写真を撮るためにつくられているわけではないからでしょうね。写真が撮れるというのは、あくまで顕微鏡の追加機能でしかないんでしょう。

中瀬　実体顕微鏡も、下の作業スペースを確保するためにレンズの性能をだいぶ犠牲にしているそうですから。

養老　なるほどね。じゃあ、仕方がないのかな。

SNSでも昆虫は大盛況

丸山　デジタル撮影技術だけでなく、インターネットの普及でも昆虫界は俄然面白くなりました。一般の人、たとえば東京でサラリーマンをされている方が、公園でふと気になって撮影した昆虫をネットにアップして、「これはなんという虫ですか」と専門家に聞くことができる。昔だったら、「公園にいたよくわからん虫」で終わっていたでしょう。

中瀬　丸山さんのところにもそういう質問が集まりますか？

丸山　来ます、来ます。僕はツイッターやフェイスブックをしているので、そこで質問されたり虫好きな人とやりとりしたりすることは結構ありますよ。
中瀬 ハエの研究者である三枝豊平先生は、「一寸のハエにも五分の大和魂・改」という掲示板を活用されていて、そこに集まった情報をもとに採集に行かれているそうです。以前、結構遠くの地方に行ったときにも、「この前、三枝先生がいらっしゃいましたよ」と言われて。掲示板で得た情報をもとに各地を飛び回っていらっしゃるのでしょうが、「三枝先生が来た」という話を日本のあちこちで聞くので面白いですね。
丸山 あのサイトは、昆虫の画像を投稿すると三枝先生ご本人や虫の専門家たちが名前や生態を丁寧に教えてくれるから、日本中のハエ好きの人が集まっていて。なんだか濃い掲示板です。
養老 インターネットと昆虫は相性が良いよね。僕もときどき見てますもん。
丸山 あ、そうなんですね。どんな使い方をされますか？
養老 名前が知りたいときにね。「ちくしょう、これ、なんて名前だ？」「もしかして、これじゃないか？」と、あったらラッキー、程度の気持ちで一応検索してみるんだけど、ときどき見つかる。ありがたいね。
丸山 撮影機器やインターネットなどの文明の利器が発達した現代は、昆虫に魅せられた人たち、いわゆる「虫屋」にとっては本当に良い時代ですよね。情報も入ってきやすいし、同志とも出会いやすいし。もちろん、研究者にとってもそうです。僕が学生のときは、「インターネットで文献を検索する」なんてこと、想像もできませんでした。便利で手軽ですよねえ。

中瀬　今は、世界中の情報を座りながらにして得ることができますからね。

丸山　とはいえ、今の時代に学生をしていたら、苦労して取り寄せた文献のありがたみはあまり感じられなかったかもしれません。海外の文献は複写不可のことも多く、使える資料を集めるのが本当に大変でしたけど、その分ようやく届いた文献は擦り切れるまで読み込んだものです。振り返ってみればそれはそれで貴重な体験だったかな、と。

中瀬　たしかに、私より若い世代だとそういう経験はなかなかできないと思います。高校のときにはすでにインターネットを触っていましたから……。それにしても、最近は女性の昆虫ファンも増えましたよね。あれもインターネットのおかげなのかなと感じるのですが、どうでしょうか。

丸山　うん、明らかに増えているよね。きっと、「虫が好きなんて言えない」と恥ずかしがっていた人たちがインターネットを通じて集まることで、堂々と「好き」と言える場ができたんでしょう。有名どころだと、昆虫アイドル、略して「虫ドル」のカブトムシゆかりさん、「昆虫大学」学長のメレ山メレ子さんあたりかな？

中瀬　アイドルでいえば、中川翔子さんが元祖かもしれませんね。

丸山　ああ、そうだそうだ。セミの抜け殻を頭に乗せている写真は衝撃的だったよね……。ともあれ、昆虫の裾野が広がっていることは間違いないと思います。

養老　うん、そのとおり。光文社や幻冬舎のような総合出版社から昆虫の本や図鑑、写真集が出るなんて思いもしなかったよ。きっと、余裕ができたんだよな、日本人に。昆虫なんかに興味を持つ、ひまな人が増えたんだろうね。いや、良い意味で、だよ。

丸山　ええ、おっしゃることはわかります。

虫屋の世界にも変化が

丸山　ただ、インターネットのおかげで虫好きが増えている一方で、その質は以前とだいぶ違うように感じます。たとえば、インターネットに生息する比較的若い虫屋は、同好会や学会には入らない人がほとんどです。特に地方の昆虫同好会や学会を見てみると、中心メンバーはみんな高齢。七十代から八十代の方々ばかりで、六十代でさえ「若手」という状況です。

養老　うん、そうだね。私の少し後輩くらいが多い感じかな。

丸山　その世代の方とインターネットにいる虫屋は何が違うかというと、幼少時の昆虫採集経験の有無です。昔は、小学校の夏休みの宿題でだいたいみんな昆虫の標本をつくっていたんですよね。それで、「昆虫採集、面白いじゃん」とハマって標本づくりをするようになって、大人になってもそのまま興味を持ち続けてきた人たちが「虫屋」になっているのかな。

中瀬　今は、標本づくりを宿題にする小学校はほとんどないみたいですね。「気持ち悪い」「虫を殺すなんて残酷だ」という親御さんも多いとかで。

丸山　やっぱり親御さんの影響は大きいですよね。ジャポニカ学習帳から昆虫が消えた問題も、「気持ち悪い」という少数の保護者からのクレームが原因みたいですし……。

中瀬　でも、いざ人気投票をしてみたら花をおさえて昆虫が上位を独占したとかで、限定的に復刻するそうですけどね。

養老　あれはさ、「気に入らないものは全部排除してしまえ」という一種の原理主義だよね。間違ったやつは殺せばいい、という現代人の思想なのかな。

丸山　そういう背景もあって、虫は好きだけど標本づくりなんてしたことがないという人が爆発的に増えたわけです。けれど、子供のときに昆虫をつかまえて、殺《あや》めて、針を刺して並べるという経験は、虫屋の精神を育む意味でとても大きいでしょう？今の40歳以下くらいの虫好きたちは、標本づくりを活動の主体としない新しい「虫屋」の形なのかな、と。

中瀬　そこを境にして、具体的にどう違うと感じますか？

丸山　昆虫に対する興味の方向ですね。標本づくりをしてきた人たちは、なぜか子供のころから学者肌タイプが多い。実際、アマチュアで記載分類している人は六十代以上の方がほとんどです。そういう人たちが、僕らの世代から下の世代にかけてはまったくと言っていいほどいない。新種はまだまだたくさんいるのに、そこを突き詰めて研究しようという人が少ないのが特徴ではないでしょうか。

養老　なるほどね。

近年は昆虫少年もマニアックに

丸山　あと、さっきの話とつながるのですが、僕らより上の世代の方は、子供のころに図鑑ばかり読んでいたでしょう。ほかに情報がないから、ボロボロになった背面をセロテープで留めたりしつつ、最初から最後まで覚えるまで読み込む。おかげで、本当に小さいころから昆虫世界の「全体像」がなんとなくつかめているんですよね。

中瀬　そうか、さっき養老先生がおっしゃっていたように、今は種類も増えて網羅的な情報をつくりづらいから、最初から細分化された情報から入っていく。つまり、特定の種だとか、ある分野の興味があることしか見なくなってしまうということですね。そうなると、最初からタコ壺化してしまう可能性は高いかもしれません。

丸山　そう。最近の昆虫少年は、最初から「チビゴミムシが好き」とか言うのね。もう、びっくりです。

中瀬　なんとチビゴミムシ（笑）！

丸山　チョウをつかまえた、クワガタをつかまえた、バッタをつかまえた。よくわからないなりに、手当たり次第つかまえて標本にすることで得られる学びがないんですよね。いきなりマニアックな虫から入るのが悪いとは言いませんが、知識の偏りは出るだろうとは思います。だって、アゲハチョウは生まれたばかりだとこういう形で、この大きさで、これくらい経ったら変態するんだな、ということを知らずに「チビゴミムシ」ですよ。もちろん、愛好家のあり方が変わり、裾野が広がっているということで、そういう子がいるのも非常に面白いところなんですけどね。どんな形であれ虫に興味を持つ人が増えるのは、われわれにとって嬉しいことに変わりはありません。

中瀬　うーん、情報が多く細分化したために、かえって直球のナチュラル・ヒストリー（自然史）としての昆虫の本がなくなってしまったのかもしれないですね。つまり、理論や高度技術などによる研究でなく、実際にフィールドを見て記述された自然そのものの姿をなぞれる教科書が。『昆虫はすごい』が支持されたのも、そうした背景があるのかもしれません。

養老　まあ、僕から見ると、最近の虫屋の印象はとにかく「フットワークが軽い」。「自分の目で見たい」と思ったら、日本だけじゃなくて世界にも飛んでいくでしょう。これも、「ここに面白い昆虫がいるぞ」という情報がネットにあるからこそだと思うけれど。

丸山　ああ、それはありますね。「珍しい虫を見た」と聞いたらひょいと飛んでいって、つかまえて、ツイッターにアップする、みたいな。私の学生時代にはそういう情報は人づてに聞くのがやっとで、珍種を捕るためにはほとんど偶然性に頼るしかなかったので羨ましいですよ。

実は虫屋もいろいろ

中瀬　ひと口に「虫屋」といっても、ジャンルは多岐にわたりますよね。たとえば蝶屋、クワガタ屋というふうに種ごとに分かれたり、標本を専門にしたり飼育にこだわったりと、虫との関わり方でも分かれたりもする。一般の方々にはまったく認知されていませんが。

丸山　そういう面白い世界がいろいろあるよね。たとえば、「クワガタを育てる」という分野。これは比較的新しい分野で、感覚としては、蘭や菊の栽培や金魚の飼育をする人に近いでしょうか。

中瀬　そうですね。品評会もありますし。

養老　いろんな虫屋のなかでも、面白いのは蝶屋かな。面白いというか、独特な世界を持っている。チョウという存在を学術的に見つめる人もいるし、「ギフチョウをドイツ型標本箱に100箱捕ることが目的」という人もいてね。

中瀬　あと、蝶屋はまんべんなく、どの年代にもいるイメージです。蝶屋だけはインターネットの影響をあまり受けていないんじゃないでしょうか。増えもせず、減りもせず、いつの時代も常に同じ文化が流れている。

養老　わかる、わかる。少なくとも、外から見るとそう見えるよね。あと、ジャンルではないけど、やたら捕るのがうまい人っているよな。的確に居場所を察知して徹底的に根こそぎ捕っていく人。

中瀬　それこそ絨毯爆撃みたいですよね。虫がいそうな場所を見つけるセンスもあるし、なにより努力量が半端じゃありません。もはやスポーツの世界で、圧倒的な量を捕っていく。啞然としてしまいます。あれって、私たちと何が違うんですかね。

丸山　僕たちが、「ここに努力をつぎ込んだところで本当に捕れるかな。次に行ったほうがいいかな」と躊躇《ちゅうちょ》するところを、「ここだ！」とバシっと賭けるところかなあ。ああ、虫捕りは賭けなんだ、と思い知らされます。

養老　僕の知り合いの蝶屋、西村正賢くんとラオスに行ったときなんだけど、ちょっと小高い山にジャコウアゲハが飛んでくる花が咲いていたのね。彼はそこで待機して、僕はほかの虫を捕りに行ったの。で、戻ってきたら、そこらじゅうが整地してあって。もはや工事と言っていいレベルだったんだけど、それは西村くんの仕業だったわけ。何をしているのか聞いたら、「いざというとき捕りやすいように」って言うんだもん、びっくりしちゃったよ。

中瀬　そ、それはすごいですね。

養老　それだけじゃないんだよ。ちょっと僕だけ車で山を上ってしばらくして下りてきたら、さっきまで近くにいた牛の群れがいなくなっていて。何の気なしに「ああ、あっちのほうに行っちゃったんだな」と言ったら、邪魔だからピシピシ叩いて全部追いやったんだって。チョウを捕るために、整地して、牛を移動させて。さらに、草刈りまでしてたの。

丸山　ものすごい（笑）。良いのか悪いのかわかりませんが、まさに情熱ですねえ。

養老　葉っぱを叩いて虫を落とす、ビーティングってあるでしょう。西村くんもプロだから、ビーティングの仕方も執拗というか、徹底的なのね。それで、テレビの取材で「何回くらいビーティングするんですか」と聞かれたんだけど、当然数えているはずがないじゃない。でも彼は真面目だから、手に万歩計をつけて計ったんだよね。「一回の調査で6000回です」と言ってましたよ。あと、ゾウムシのプロ、小島弘昭くんのビーティングも徹底的で、彼が通ったあとは恐竜かブルドーザーが通ったあとみたいに葉っぱが落ちている。「あ、ここは小島くんが通ったんだな」ってすぐにわかりますね。

飼育センスがあるのは女性!?

中瀬　いやー、すごい方がいらっしゃるんですね。それにしても、採集に情熱を燃やすのか、標本づくりに熱中するのか、それとも飼育に向かうのか、その分岐点ってどこにあるんですかね？

丸山　養老先生は明らかに標本系ですよね。

養老　そうですね。僕は、飼うのが本当に下手だから。解剖でも、僕の先生は培養、今でいう万能細胞の研究みたいなことをやっていたんだけど、あれは苦手だったなあ。きっと細胞も昆虫も植物も同じかな、と思う。なぜか飼うのが妙にうまい人っていない？

丸山　います、います。

養老　細胞の培養の場合、女性が圧倒的に上手です。たとえば、iPS細胞。理化学研究所の高橋政代さんもやっぱり女性でしょう？　細胞をつくって、飼って、それを移植に使えるくらいまでに上手に育てられる力も必要だし、それ以前に「これはうまく成長する」と見抜く目も必要で。「育てる」という意味では、10人の研究者のうち3人くらいしか使いものにならないと聞きました。それも、女性の比率が高い、と。

ものを飼って育てるというのは、やっぱり女性が向いているのかなあ。

丸山 昆虫の研究室は女の人が少ないのでわかりませんが、そうかもしれません。そもそも、飼育は知識ではなくセンスが必要です。そうと知らずに研究を始めて、飼育でつまずいてダメになってしまう人は結構多いですね。

養老 うん、やっぱりセンスは大きいよね。

丸山 センスがある人って、温度とか湿度とか、「この虫にちょうどいいあんばいはこれくらいかな」と感覚でわかるんですよね。本当に不思議なんですけど。

中瀬 私も飼育はまるでダメです。すぐに死なせてしまう。だって、今までいちばんうまく飼えたのは、かのファーブルも使ったという竹筒トラップをそのまま置いておくだけ、というものですから。竹筒の中にはハチが産んだ卵とエサが入っているのですが、半年か1年放っておいたらハチが出てきてくれました。それでも、「おっ、これはうまくいったぞ」と喜んだくらいで。

丸山 それって誰がやってもうまくいくやつでしょ。

養老 ハハハ。僕は子供のころ、よく蝶を飼っていたよ。近所でジャコウアゲハやルリタテハの幼虫をつかまえてきてね。あと、ドロバチの巣を捕ってきたのに、寄生したドロバチヤドリニクバエが2匹出てきたときの虚しさは今も覚えているなあ。ガの

竹筒トラップ（アルマンアナバチの巣になっている）

サナギを捕ってきたら、寄生バチが出てきたり、とかね。ガのサナギなんて、捕ってきても半分は寄生されているんだもんな。

中瀬　あれ、嫌いな光景でした。なんというか、エイリアン感が半端なくて……。

丸山　たしかに。でも、昆虫の世界はこんなに寄生し寄生されているんだ、と気づくきっかけになったのは間違いないですね。

養老　まあ、なんにしても、虫屋は総じて変わっているやつが多いよ。それでいて、虫屋というだけでどこかお互いに通じるものがある。

丸山　そうですね。研究者であるかどうかにかかわらず、「虫が好き」というだけで妙な仲間意識が芽生えます。

虫屋は植物に弱い⁉

養老 ただ、僕も含めてなんだけど、虫屋は植物に弱いところがあるよね。しっかり勉強している人は少ないと思う。

丸山 ああ、それは本当にそのとおりです。僕自身、特に海外に行くと痛感するのですが、「花が咲かないとどの植物か区別がつかないけれど、今は開花の時期じゃない」「葉は日本にある木とそっくりだけど、全然違うものらしい」とか、困ってばっかりです。毎回勉強不足を反省するんですが……。

養老 うん、僕も「これ、何の葉っぱだろう」って年中悩んでいる。生き物にとって、植物こそ環境なのにね。

丸山 すべてのエサは植物やその枯れたものが大元ですからね。菌類しかり。

養老 昆虫学と植物学はいまいち連携が乏しい印象があるんだけど、実際のところどうなんだろう？

中瀬 おっしゃるとおり、全然話しませんね。

丸山 そもそも、植物の分類学者自体が絶滅危惧種ですから。

養老 え、そうなの？

丸山　たとえば、日本で東南アジアの植物を幅広く同定（生物の所属や種名を決めること）できる人は、ほんの数人しかいないんですよ。私もツノゼミを捕るようになってわかったことなのですが。ツノゼミって種によっては特定の植物の上でしか生活しないものもいて、そういうツノゼミを標本にするときは、その植物の名前もラベルにして貼付するわけです。ところが、名前を載せたくても僕の知識ではさっぱりわからない。植物学者に聞きたくても、わかる人が限られている。ということで、今ちょっと困っているんですよ。

中瀬　植物の分類が盛んだったのは1950年代までだそうですが、あるときを境に分子生物学のほうに流れたと聞きました。分類やナチュラル・ヒストリーではなく、DNAを見ていく研究が主流になっていった、と。

丸山　植物は分類がひと段落するのが早かったんです。昆虫と比べてゴロゴロ新種がいるわけでもないですし、植物は動かないから、国土をローラー作戦していけば理屈上「出会えない」ということはあり得ない。つまり、分類するべき植物もすぐに尽きてしまうわけです。だから、DNAからあらためて分類体系を調べていこう、となって。現在、植物の分類はDNAによる研究が主体で、昆虫のように形態だけを見て分類するという時代は終わってしまったんです。

養老　なるほど。

丸山　でも、昆虫を分類するときは、私たちのような研究者の「なんか違う」という勘が意外とアテになるんですよ。ちょっとアナログに思えるかもしれませんが、「これは同種ではない」という違和感のようなものを頼りに、細かく体の表面や生殖器を見ていきます。極端な話、そういう勘や経験に基づく分類ができないということは、名前を知りたかったら逐一、DNAを調べざるを得ないということです。東南アジアの植物についても形態分類に精通する人がたくさんいると、個人的にもありがたいんですけどね。

養老　フィールドではなく、研究室の中でしか植物を同定できる研究者しかいなくなってしまった。なんとも皮肉な感じがするなあ。

丸山　これも、良い・悪いの話ではないんですけどね。ただ、その意味で言うと、昆虫はしばらく、いや、もしかしたら永遠に「やることが尽きた」ということがないのかもしれません。それは、研究者としては嬉しいことですね。

非科学と見下されてきた学問

養老　僕が子供の時代には、あらゆる動物が身の回りにいました。おもちゃなんてないから、遊びといえば魚捕り、カニ捕り、セミ捕り、トンボ捕り。で、人生で最初に標本をつくったのは小学校4年生のときでね。道具なんてないから、薬のビンについていたコルクを古い引き出しの底に貼って、そこに針と虫を刺して。ハチやセミはふにゃふにゃしないから始末がいいとか、バッタは色が枯れてしまうとか、ゾウムシは堅いから標本にしやすいうえにチャタテムシに食われにくいとか、そういった知恵を身をもって習得していきました。小さいときから虫屋をやっていた、ということだね。

丸山さんは東京育ちだから、周りにいる虫の数が少なかったんだよね。

丸山　ええ。でも、かえってあらゆる昆虫が貴重で、どんな昆虫を見つけてもいろいろと調べていましたね。大小かかわらず、かっこいいやつも地味なやつも、昆虫と名のつくものならなんでも興味津々。でも、やっぱり「珍しい虫が見たい」という欲求が強かったんですよ。その延長線上に「新種を見つけたい」という気持ちが生まれてきて。それから、たまたまアルバイトで昆虫を同定するなかで分類の面白さにハマり、分類学の道へ進むことに決めました。その上で、新種がたくさんいる甲虫はなんだ？

と思って調べて、ハネカクシを専門にしようと考えたわけです。我ながら単純なんですが。

養老　ハネカクシという以前に、好蟻性昆虫の研究が全然進んでいなかったんだよね。

丸山　まさに、おっしゃるとおりです。アリ自体は進んでいたんですよ。日本蟻類研究会に所属している若手の研究者が、日本にいるアリすべての検索表をつくってくれて。あれよあれよという間に蟻類データベースもできて、ほぼすべての種類のアリ画像がネット上で見られるようになりました。アリの同定や生態研究をやっている人もものすごく多くて、生態の研究もほかの昆虫の一歩、いや二歩も三歩も先を行っていたんですよ。一方、好蟻性昆虫の研究は片手間にやっている人が何人かいるくらい。専門で研究している人なんていませんでした。この狭い日本にも新種はたくさんいる。誰の足跡もついていない、未知の生態がたくさんあるということがわかったとき、分類学という学問の必要性や価値を強く感じたんです。

養老　でも、分類学は学問としては虐げられているよね、残念ながら。

丸山　ええ、研究者のなかにはバカにする人もいます。「分類なんて主観の集合体であって、科学ではない」と言われたり。そんなこと言われても、「はあ、そうですか」としか言いようがないんですけどね。なぜそんなことを言われてしまうかというと、一般的な科学には「仮説と検証」という決まったプロセスがあるわけですが、分類学はそこが省略されている、と捉えられているからです。

養老 たしかに、そういう批判はあるね。

丸山 分類学のキモは「見た目」なので、それを主観だとバカにする人もいるでしょう。でも、よく考えてみてください。「パンダとクマは模様もサイズも耳の形も違う。よって別種である」と言われたらみんな納得するのに、「ゴミムシAとゴミムシBは交尾器の形やサイズが違う。よって別種である」と言われても、「そんなの主観じゃないか」となる。これってなんだかおかしいと思いませんか？ 私たち分類学者からしたら、ゴミムシAとBはもう、パンダとクマくらい違うのに。

中瀬 最近では、DNAによる研究も進んでますね。それによって、分類学に影響はありましたか？

丸山 遺伝子レベルでの研究技術が発達したことで、今までの分類はほとんど正しかったとわかったので、それはよかったんです。でも、仮にある2種のDNAが大きく違っていても、形も生態もまったく同じだったら分ける必要はありません。反対に、DNAはほんの少ししか違わなくても、住処《すみか》が違うとか、形が違うとか、「違い」がはっきりしていれば種として分ける必要があります。それが「分類」です。ただ、遺伝子や種分化の過程など「違い」を生む要素は様々ですから、一定の基準だけで分類学は進められない。そこがまた「科学的ではない」と考えられる要因になっています。

なぜ幼児はイヌとネコを区別できる？

養老　見た目で分けることを「けしからん」という人たちは、昆虫採集をしてこなかったんだろうね。生態を把握して姿形を見る、ということに慣れていないんだよね。仮に分類の明確な基準が設けられたとしても、それだって人間が勝手につくっただけのものでしょ？　人間が勝手に分けるんだから、どっちにしたって一緒なの。厳密かどうかなんて、すべて人間の「意識のなか」で行われているだけのことなんだから。分類学も解剖学も、形態学と呼ばれる学問はだいたい原始的だと言われるんです。でも、原始的と思っている人は、はっきり言えばバカ。

丸山&中瀬　（笑）。

養老　自然をちゃんと見ていないから、そういうことが言えるんだよ。実験室の中で暮らしていると、物事はきれいに分けられる、必ず「答え」がある、と錯覚してしまうのでしょう。虫屋をやっていると、そういう感覚を持ちようがない。答えがないものばかり相手にしているから。あと、哲学者が昔から不思議がっている、「なぜ、小さい子供はワンワンとニャンニャンの区別がつくのか」という問題。チワワでも、でっかいドラネコでも、イヌとネコは間違えないじゃない。

中瀬　あ、たしかに。

養老　ましてや、「これはイヌだろうか、ネコだろうか」と悩んでいる大人っていないでしょう? おそらくこれも、先天的に「わかっていること」なんだよね。だって、オオカミとイヌ、トラの区別がつかないと、自然のなかで生きていくのが大変じゃない。というより、たぶん、動物の区別がつかなかったヒトの一種はオオカミやらトラ、クマに襲われて絶滅してしまったんだと思う。

中瀬　なるほど。

養老　だから、自然的根拠というのは、やっぱり見た目や形による、ということです。そう考えると、区別する能力があるというのは、なんとも高等なことだというのがわかるでしょ。そうそう、鳥類の分類学者であるジャレド・ダイヤモンドは、若いころにニューギニアのゴクラクチョウを分類していたのね。彼、そのあとにニューギニア原住民の民俗学を研究し始めたんだけど、言葉がわかるようになってびっくりしたんだって。自分が分類していた二十数種類のゴクラクチョウは、現地の人がきちんと現地語で区別していたから。プロの分類学者が見ても、現地人が見ても、結局同じ分類だったというわけ。

中瀬　北海道の人が、雪のちょっとした違いを見つけて何種類にも分けて呼んでいるのと同じですね。自然に近い環境にいた人間は、「ナチュラルボーン分類学者」かもしれません。

養老　日頃からよく観察していると、違いにも敏感になれるからね。だから、分類というのはただ好き勝手に分けているんじゃないんだよなあ。人間だって、ひとつの道具なんだから。

丸山　顕微鏡を見ている「私」も顕微鏡の一部として考える、と。

養老　そのとおり。でも、19世紀以来の科学は、「見ている人」を排除してしまう傾向があって。物理学なんて、まさにそうでしょう。客観性しか重要視していないじゃない。じゃあ、誰がやってもどこでやっても同じ結果になるんだったら、論文の名前なんかいらないじゃないかって思うんだけど。

丸山　ハハハ（笑）、それはまた極端ですが、たしかに分類学は19世紀以降の科学とは一線を画しているというのは私も実感しますね。そもそも分類という行為は、養老先生がおっしゃったように本能的に古くから人間がやってきたことです。危ない獣と安全な獣の分類だけでなく、山に山菜を摘みに行ったり果実を拾いに行ったりするなかで、毒のあるものと食べられるもの、美味しいものとまずいものを見分けていたわけですから。そういう見た目の違いを学問的な体系として整理してきただけなんですよね。

中瀬　ほかの生物だってそうです。昆虫がベイツ型やミューラー型の擬態（214ページ参照）をするということは、鳥が「この形の昆虫はこういう味がする」と分類している、という前提あってのことでしょう。だから、「まずい虫」と分類された昆虫の擬態をして、ある地域では多くの昆虫がそのまずい虫と似たような形や色になっていく。程度の差こそあれ、生き物は分類する能力を持っています。それを人間がやって、客観性を高めるために属やら種を定義して分けたのが分類学なのかな、と。

丸山　そのとおりだと思います。

独自の名づけは日本のお家芸

丸山　ところで、日本に住んでいると当たり前なんですけど、昆虫って和名があるじゃないですか。

養老　ああ、いわゆる「アキアカネ」みたいなね。いかにも日本語らしい響きの。
中瀬　和名は学名と比べるとだいぶ身近な感じがしますよね。「キノコヒゲナガゾウムシ」のように、なんとなく見た目や生態も想像できるような感じで。
丸山　でも、昆虫が学名とは別にその国独自の名前を持っている例は、世界的に見ると実は珍しいんです。「アキアカネ」のように親しみやすい一般向けの名前があるという話を海外の人にすると、いつも驚かれますよ。どうやら、日本独特の文化みたいです。今、1ページに1甲虫の写真と説明が載っている甲虫の本を監訳しているのですが、それが全体で600ページほどあるんですね。つまり、600種類もの甲虫が載っている。ところが、それを見てみると、有名な甲虫には英名があるのに、ちょっと珍しい甲虫になるとほとんど学名だけなんです。英名があればいいほうで、科の総称しかないものも多い。アメリカでは、一般人向けの名称はごくありふれた昆虫を除けば少ないんだな、とあらためて気づかされました。

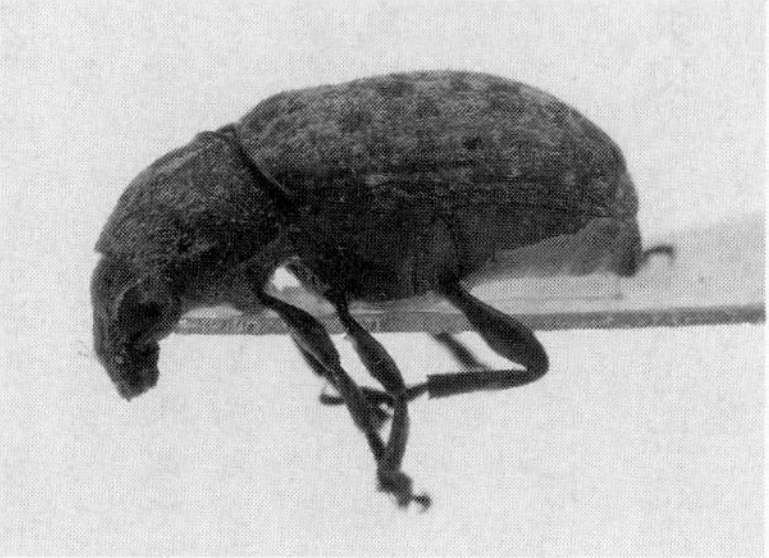
キノコヒゲナガゾウムシ

中瀬　日本の場合、明治維新で学名という概念が入ってきてもなお、江戸時代までにつけられていた和名を残したわけですもんね。

養老　そうそう、明治維新のとき、日本は「科学を日本語でやる」という前提をどんと置いたんだよね。この考え方は世界的に見てもちょっと変わっていて、アジア全体でも日本くらいなんじゃないかな。医学なんてまさにそうで、杉田玄白や宇田川玄真が、西欧の用語をせっせと日本語に置き換えていった。たとえば、「コル」（ラテン語）や「ハート」（英語）とそのままカタカナで読むのではなく「心臓」というまったく別の日本語を当てはめたようにね。当時の日本人はとにかく新しい概念を新しい日本語として使えるように、言葉を当てはめたりつくったりしたんでしょう。だから、膵臓の「膵」の字は国字だし、「神経」という言葉だって杉田玄白の造語なんですよ。オランダ語を訳すときに、「神気」と「経脈」を合わせてね。

丸山　へえ、なるほど。

養老　脳髄という言葉にいたっては、平安時代から使われている。藤原公任の『新撰脳髄』という歌論書があるんです。これは「何かの中心」という意味だから、今でいう「真髄」に近いかな。そういう和語を生かすセンスがあったよね。

丸山　しかも、和名はよっぽどのことがないと変わらないですから便利ですよね。学

メクラゲンゴロウ。地下水生の目のないゲンゴロウ。井戸水の中から稀に採集されるが、井戸自体の減少で、近年見つからなくなっている。©中瀬

名は分類が変わると名前も一緒に変わっちゃいますから。

養老　そう、変わっちゃう。変な話に感じるよねえ。カブトムシも学名が変わったし。

丸山　はい。アルロミュリーナ・ディコトーマ（*Allomyrina dichotoma*）、つまりサブカビト属からカブトムシ属のトリュポクシュルス・ディコトームス（*Trypoxylus dichotomus*）に変わりましたね。こんなによくいる虫でさえも平気に変わってしまうことからわかるように、外国の子供たちにとっては、幼いころ図鑑で見た名前と今の名前が違うということがままあります。学名は分類体系と関係するものですから、そもそもの分類が変われば名前もそれに追随しないといけない。これは仕方ないことです。

中瀬　昨日まで「カブトムシ」と呼んでいた虫が、今日から「コガネムシ」になるようなイメージでしょうか。でも、ごくまれに和名を変えようとする運動が起こりますよね。表現が差別的とかといった理由で……。

丸山　メクラゲンゴロウ、メクラチビゴミムシとかね。微小な生物をエサにして一生を地下で過ごす昆虫は、目が退化してしまうものが多い。当時としては〝そのまま〟つけたのでしょう。

中瀬　でも、メクラで、チビで、ゴミ。これ以上の悪口はないという意見もわからないではないというか。

ヨウザワメクラチビゴミムシ。洞窟性の目のないゴミムシ。地域ごとに細かく種分化している。

養老　今でも「差別だ」「変えろ」っていう声が多いんだよ。それでも、このグループの研究を日本でずっと牽引してきた上野俊一先生が、「実際の差別とは無関係である」と改名を反対しているから、かろうじて残すことができているんだけど。

丸山　魚類は差別用語を使った名前を全部なくしましたよね。たとえば、イザリウオは2007年にカエルアンコウに改名しています。私にしてみれば「非論理的で不当な言葉狩り」を学識者が容認してしまったようで、残念でなりません。

養老　早稲田大学の池上秋彦さんが怒っていたよ。学生に「お前ら、『いざり』って言葉を知っているか」と聞いたら誰も手を挙げなかった、何が差別用語だってね。「バカ」って言葉だってそうです。桃井かおりさんのコマーシャル＊はクレームが多くて差し替えられたでしょう。僕の唯一の功績は、『バカの壁』によって「バカ」を公式に使えるようにしたことだね。（＊「チョコラBB」のCMで、桃井かおりの「世の中、バカが多くて疲れません？」というセリフが問題になり、「バカ」の部分が「お利口」に差し替えられた）

日本人と昆虫の距離

中瀬　和名が修正された事例も、ないわけではありません。かつてメクラカメという名前のカメムシがいたのですが、これはドイツ語で「目のないカメムシ」という名前がついていたのをそのまま日本語に訳して呼んでいたんですね。もともと単眼のない種が多かったために、そういう名前がついたようですが。とはいえ複眼、いわゆる眼があることは一目瞭然でしたから、科の名前自体がメクラカメムシ科からカスミカメムシ科に改名されました。まあ、メクラチビゴミムシは本当に目がないわけですから、残しておいてもいいんじゃないかと思いますが。

養老　あとさ、和名はニセクロホシテントウゴミムシダマシみたいに要素をつなげたものが多いんだよね。見やすく分けると、ニセ／クロホシ／テントウ／ゴミムシ／ダマシ。これは、ゴミムシに似ている種を集めたゴミムシダマシ科のなかのテントウムシによく似た種をテントウゴミムシダマシと呼んで、さらにそのなかの黒斑を持ったものをクロホシテントウゴミムシダマシと名づけた。さらに、このクロホシテントウゴミムシダマシによく似た昆虫が発見されて「ニセ」がつけられた……という散々な由来なんだけど。でもこうした命名のされ方は、動物でも一緒かな。マダガスカルにいるネズミキツネザルも、だいたい同じような名前の由来だろうから。

丸山　でも、どんなに悪口みたいな名前のゴミムシだって、種の重要性としてはジャイアントパンダと変わらないんだっていつも僕は言っているんです。公平なんですよって。なんか笑われちゃうんですけど。

養老　それはそうだよね。大きいから偉いとか、たくさんいるから偉くないとか、そんなのおかしな話だから。あと、和名がひどいのは植物だって同じだね。ヘクソカズラなんて、本当にひどいと思う。

丸山　そうですね。ママコノシリヌグイとかも。
中瀬　でも、ヘクソカズラは万葉集にもその名が載っていますからね。
養老　へえ、そうなんだ。まあ、実際に臭いわけだし、しょうがないか。
中瀬　ただ、万葉集の時代ではクソカズラと呼ばれていたはずなのに、いつのまにやら「へ」までつけられたようで……。
養老　ひどいな、それは。つけた人は、よっぽど臭くて腹が立ったのかもしれない。でも、最近は植物界でも、こうしたかわいそうな名前はやっぱりきれいな和名に変えようという動きもあるみたいじゃないですか。
中瀬　ヘクソカズラは、ヤイトバナやサオトメバナという和名が提唱されていますね。
養老　昆虫界における上野先生みたいな存在がいないんだね。でも、そんなことをしたらヘクソカズラについているヘクソカズラグンバイはどうなるんだ、という話ですよ。
中瀬　本当にそうですね（笑）。ヘクソカズラがきれいな名前に改名されてヘクソカズラグンバイだけ生き残ったら、それこそ不憫です。
丸山　不憫といえば、人間側のミスのせいでいわれのない名前をつけられた昆虫もいます。中瀬くんが紹介したメクラカメと同じですね。現在、日本産のクロクサアリには*Lasius fuji Radchenko*という学名がついていますが、実は日本には分布していないことが明らかになって。

養老 日本にいないのに「富士」の名前がついちゃったのか。

丸山 そうなんです。幸い、以前記載された別種と同じものだということがわかったので、今後fujiの名前は消えることとなりますが。

中瀬 私は普段、つくばの研究所にいるのですが、筑波山は独立山塊で多くの固有種がいます。あまり自然環境が豊かではないので、みんな、かわいそうな状況で生活をしているようなものばかりですが……。そんな筑波山で、最近、カスミサンショウウオの別種が発見されました。日本でもかなり狭い地域に生存するサンショウウオなんですが、これが、ツクバハコネサンショウウオという名前で。「筑波なの、箱根なの、どっちなの！」という声は耳にしますね。どうしてこうなったかというと、そもそもがハコネサンショウウオ属という属の名前だからなんです。このツクバハコネサンショウウオは、普通のハコネサンショウウオが生息しないような環境で捕れる変わったやつですよ。

丸山 面白いなあ。それにしても、こうやって和名を一種ずつつけていくのは日本ならではの文化なわけですが、どの話ひとつとっても、日本人が古来、持っていた昆虫への距離感の近さを感じます。だって、和名は姿や生態を細かく分析・分類するからこそつけられる名前ですから。

養老　たしかに、それは間違いないね。コンビニに虫捕り網が売っている国なんて日本だけだし、普通の子供が10種類ものクワガタを見分けることができる国はヨーロッパにはないだろうからね。

中瀬　決してヨーロッパにはクワガタがいないわけではないのに……。不思議です。

丸山　例外があるとしたら、チェコとスロバキアかな。ヨーロッパのなかでは圧倒的に虫屋が多いです。そこまで豊かな国ではないけれど、収集家がとても多いんです。

養老　それは偏見でね。かつては豊かだったの。

丸山　あ！　そうですね、かつては。

中瀬　古代エジプトも、イスラムの勢力が入って衰退するまでは、虫をモチーフにしたものが多かったですよね。聖なる甲虫とされたスカラベ（フンコロガシ）がまさにそうです。

養老　僕、ツタンカーメンの墓でいちばん驚いたのは、墓そのものじゃなくて壁や棺桶に書かれているフンコロガシの絵が、まるで図鑑みたいに精巧だったこと。展足されたような姿を、細かく観察している絵なんだよ。ぜひ、直接見てほしいんだけれど、あれを書いたのはね、間違いなく虫屋だね。

丸山　へえ！　虫屋、古代エジプトにもいましたか。

養老ハカセの疑問

養老　僕、ちょっとさ、昆虫同士のコミュニケーションについて疑っていることがあるんだよね。

丸山　ええっ、なんでしょう。

養老　前提の確認なんだけど、アリはほとんど目が見えないから、仲間同士のコミュニケーションは化学物質でやりとりしていると言われているでしょう？　いろいろな化学物質の匂いで、敵が来たぞとか、エサをくれとかやりとりしている、と。

丸山　はい。体表炭化水素やフェロモンという、一種の匂いですね。それで仲間を認識したり、帰巣や警告といったコミュニケーションも取っていると言われています。

養老　そう。僕が疑っているのは、この化学物質でのコミュニケーション説なんだよね。これだけだと、どうも説明がつかないなと思っているんです。

丸山　と、いいますと？

養老　人間でも、香水の匂いをプンプン撒き散らしている女の人っているじゃないですか。その人が狭い部屋に入ったら、いなくなったあともなかなか匂いは消えないでしょ？　ましてや、その人が部屋に居続けたらずっと匂いを嗅ぎ続けないといけない。苦行だよね。それなのに、アリの巣みたいな閉鎖された環境で節操なく「警告だ」「死体があったぞ」「仲間だ」と匂いを出しまくったら、こもって仕方がないんじゃないかと思うんだよ。いろんな匂いが混ざり合って、今受け取るべきなのはどのメッセージかわからなくなっちゃうでしょ。つまり、何が言いたいかというと、コミュニケーションの方法として考えられるなかでいちばん有力なのは、人間と同じく音でのやりとりじゃないか、ということ。人間は声や言葉をメインにしてコミュニケーションを取っているのに、なぜ昆虫はそうしていると考えないんだろうって。

丸山　おっしゃるとおりで、最近の研究では、実は多くの昆虫が「声」でコミュニケーションを行っているということがわかってきました。

養老　うん、そうでしょう。

丸山　はい。日本人に「音を出す昆虫」と言うと、まず連想されるのはセミやキリギリス、スズムシなどでしょう。でも、実はほとんどの昆虫が音を出しているんですね。もちろん人間には聞こえないような大きさや音域ですが、どうやら間違いなく音を出していることがわかってきました。より細かく見ていくなかで、やすりの目のような発音器官が体のあちこちについていることがわかって。

養老　そう、電子顕微鏡で昆虫を見ていたら、どう考えてもこれは発音器官だろう……というより、動いたら明らかに音が鳴ってしまうだろうと思えるものがある。見るからになんだかガシャガシャしていてね。アリヅカムシにはお腹と足の境のところにそれぞれ突起があるんだけど、それを開いてみるとギザギザしているのがよく見えるんだよ。

中瀬　洗濯板みたいになっているところですよね。

養老　まさにそう。あんなの、腹を動かしたらキリキリ音を立てるしかないじゃないの。だから、コミュニケーションは音でも活発に交わされているのは間違いないな、と。

中瀬　東南アジアには、体の一部を震わせていて明らかに音を出しているはずなのに、どんなに耳を澄ましても何も聞こえてこないコオロギの仲間がいます。あれは、人間にはとても聞こえないような高い音を出しているに違いなくて。

丸山　マツムシモドキの仲間かな。モスキート音よりもさらに高い音を出しているのでしょう。

養老　フェロモンや匂いを使うのは、より多くの個体、いわば集団を指揮するようにコントロールするためにはいちばん効率がいいかもしれない。それに、「この匂いがしないやつは味方じゃない」というふうに、敵味方を判別するための手段としては有効なのは間違いないしね。ただし、やっぱり個体同士でコミュニケーションを取りたいんだったら、匂いだけを使うっていうのはちょっと無理があると思うよ。

丸山　そうですね。

「無駄毛」なんてない

養老　匂いといえば、肉食のカメムシ、サシガメはアリの死骸を団子状にしたものを背中に乗っけるでしょ？　あれ、アリを食べたあとのカスを背中に山積みにして、アリの匂いをつけるためなんだよね。まさに匂いを纏《まと》うの。そうしたら、体表炭化水素と同じ理由でアリにバレないから。

丸山　匂いだけでなく、あれは、自分を隠す目的も強いようですね。体を麻痺させて体液を吸い取ったあとにも二次利用する、無慈悲な昆虫として有名です。

養老　実物も面白かったよ。この前ラオスに行ったとき、アリを10匹乗っけているサシガメをつかまえたんだけどね。翌朝見てみると、脱皮してきれいなカメムシの成虫が出てきたんだもん。

中瀬　へえ、すごい。それにしても、匂いは化学物質を分析することで確認できるとして、音でコミュニケーションがなされていることは証明するのが難しいですよね。昆虫が発する音域まで拾える高性能な特殊マイクやバットディテクター（コウモリ探知機）は繊細ですぐに壊れてしまうようですし。

丸山　あ、やっぱり壊れやすいんだ。でも、特殊マイクで観察、やってみたいなあ。

中瀬　中南米には、バットディテクターでぎりぎり拾える高い音を出している昆虫もいるそうです。おそらく、昆虫は足や胴体についている小さい感覚器でその音を拾っているんでしょうね。

丸山　いわゆる「耳」があるんだよね。あとは、ハエの体表の長い剛毛なんかわかりやすいんだけど、感覚器の役割を持つ毛が無数に生えていて、その毛の受けた振動が根元に伝わってくる。毛の場合は、きちんと調べれば固有振動、つまり長さによって出る音がわかります。音叉と一緒ですね。

養老　これに関しては哺乳類も同じだよ。僕は「トガリネズミからみた世界」という論文をだいぶ昔（1977年）に書いたんだけど、トガリネズミのヒゲは500本くらい生えていて、前から後ろにいくにつれだんだん長くなっているのね。トガリネズミはヒゲの震動によって音やモノの位置情報を受け取るんだけど、長さが違うそれぞれの毛がキャッチする周波数も、それぞれ違うというわけ。で、1本ずつ見てみると、根元が静脈、つまり血液に浸かっていて、その周りに神経がぐるぐると巻きついているの。それぞれのヒゲが音叉みたいにいつまでもブーンと振動し続けたら音が混ざって困るから、一度揺れてもすぐに減衰するようにこうした構造になっているんじゃないかな、と。工学的にいうとダンパーだね。

中瀬 ああ、ピアノのペダルもその原理ですよね。

養老 そうそう、音が残らないようにね。そんな工夫があるなんて、明らかにコミュニケーションを積極的に取ろうとしていると思わない？　とにかく虫には、ものすごい量の毛が生えている。こんなに小さい体をしていて、大量の毛を全部無駄にしているはずがないんだよ。人間には「脱毛」とか「無駄毛」とかいう言葉もあるけど、昆虫が生やしている以上、あらゆる毛は必ず何か仕事をしているはずです。毎日忙しく生きている現代のみなさんは、虫の毛について考えやしないでしょう。「なんだか気持ち悪い」でおしまい。でも、それが実はコミュニケーションに使われているとわかったら、ちょっとは毛に対する見る目も変わるんじゃないかな。

丸山 たしかに、あれだけヒゲみたいに生えている毛を無視することは、なかなか無理がありますよね。

社会的な虫は脳が発達

養老　ミツバチの場合、音を聞くのは触角だよね？

丸山　そうですね。

養老　でも、僕、あの節になっている触角が、鼓《つづみ》をつないでいるようにも見えるんですよ。

丸山　ああ、鼓か、なるほど。

養老　これは仮説だけど、一個一個の節が別々の感覚器として作用している可能性もあるな、と考えていて。特定の周波数に反応して揺れて、そこに生えている毛が刺激される。

中瀬　なるほど。それぞれが感覚器の役割を備えている。

養老　まあ、音を出すっていうのは集団で暮らすための機能だよな。交尾以外のコミュニケーションは、個人で生きていくタイプの多くの昆虫には当然必要ないものだから。

丸山　そうそう、仲間同士でやりとりをするために脳には相応の負荷がかかりますから、シロアリやアリ、ハチのような社会性の高い昆虫は、そうでない昆虫に比べて脳が発達しています。互いに交信できる個体になるためには、感覚器や脳への投資は必要不可欠なんです。ちなみに昆虫学では、働きアリ、女王アリ、兵隊アリのようにカースト（階級）があり、繁殖に分業があることを「真社会性」と呼びます。仲間同士の情報交換のことを考えると人間の感覚でいう「社会性」とも近いかもしれませんね。

中瀬　1匹でフラフラ好きに生きていれば賢くなくてもいいし、体も複雑にする必要がありませんからね。僕たち人間もそうですが、複雑なものを維持するのは難しいし、コストがかかることなんです。それでもアリやハチは集団で生きること、そしてコミュニケーションを取ることを進化の過程で選んできたんですね。

丸山　それにしても、せっかく音を出しているんだったら、どんなことを伝え合っているのかわかるようになれば面白いんですけど。どれくらい正確な情報のやりとりができるのか、興味深いですね。

変な形の王様・ツノゼミ

丸山　昆虫の面白さといえば、やっぱり「なんでこんな形になった!?」というような変わった形態があると思います。私が研究したなかでは、アリの幼虫に擬態して、成虫になっても足なし翅なしのキリタンポノミバエが変わった形の代表例かな。でも、みんなが知っているものだとカブトムシのツノだって変わった形です。あまりにも有名な昆虫なので見落としてしまいがちですが、よくよく考えれば、体の大きさに対して過度に大きいでしょう。

養老　昆虫を見慣れていない人にとっては、全部「変な形」だろうね。節があったり、毛が生えていたり。でも、やっぱり変な形態といえば……。

丸山　ツノゼミでしょう。

養老　そうね。もう、異常な形ばかり。

丸山　実は、最初に日本でツノゼミを見たときは「地味なやつだなあ」と思って、たいして気にも留めていなかったんです。それが、海外で虫を捕るようになって、どんどん珍妙な形のツノゼミに出会うようになって。ハチに擬態したハチマガイツノゼミ、まるでアンテナを張って

アリにくわえられている個体がキリタンポノミバエの雌の成虫。アリの幼虫そっくりの翅も足もない形状になっているが、顔はハエである。

多種多様な形をしたツノゼミ　©丸山

いるかのようなヨツコブツノゼミ、変な模様があって半円の薄い体をしているミカヅキツノゼミ、いかにも毒がある模様のキオビエボシツノゼミ、死体にカビが生えたようなカビツノゼミ……。

中瀬　ツノゼミの専門書『Treehoppers of Tropical America（熱帯アメリカのツノゼミ）』が出たときは、すぐに買いましたよ。「ナショナルジオグラフィック」でも連載されている西田賢司さんも著者の一人になっている本で、ツノゼミのビジュアルをまとめて見られるなんて絶対面白いだろう、と思って。日本では発売されていないのが残念ですが、丸山さんも『ツノゼミ　ありえない虫』(幻冬舎)という本を出されていますよね。
養老　あれがあんなに話題になるなんて、いい時代になったなあ。なんであんな本をつくろうと思ったの?
丸山　企画の発端は、博物館でやったツノゼミの展示会です。それが思いのほか大人気で、予想もしなかった動員人数を記録しました。そのとき、「あ、これ、本にできるんじゃないか」と。たまたま編集業の方が見にきていたのでその考えを伝えたところ、出版社の方を紹介してもらえて。ツノゼミの何がすごいって、ひとつの科でこれだけ形が多様ということ。これ、ほかにはなかなかないんですよ。「ツノゼミ」って知らなかったら、とても同じ生き物だなんて思わないでしょ?
中瀬　ええ、たしかに。とはいえ、珍しい昆虫かというとそういうわけでもなく、2～3月くらいの春先、日本でも雪の上にイエローパントラップ(黄色い容器に中性洗剤を垂らし、虫を誘引して沈めるトラップのこと)を仕掛けておくと、バーっと捕れるんですよ。越冬したツノゼミが大量に。
養老　へえ、そうなんだ。
中瀬　ひとつの皿に30匹とか50匹とか、普通に入ってきます。私はハチを捕るために用意しているのに、ハチを捕っているのか、ツノゼミを捕っているのかわからなくなるんですよね。

養老　あれってどうしてそういう形になったのか、いまだにまったくわかっていないんだよな。だから昆虫は面白い。

結局、人間が変に感じているだけ

丸山　ツノゼミほど変な形ではありませんが、ユニークで心惹かれる形としてはマンマルコガネもいますね。ちょうど今、たまたま標本持ってきているんですけど。

中瀬　おお、きれいな状態。

丸山　コガネムシなのにダンゴムシみたいになって、可愛らしいでしょう。

中瀬　これ、標本をつくるときに洗礼を受けますよね。ものすごく難しいです。

丸山　死ぬとその名前のとおり、くるっと丸まるからねえ。

中瀬　あの、まっすぐに伸ばすのがなかなかうまくできなくて。力を入れすぎるとビリっとまっぷたつに破れてしまいます。

丸山　そうそう。しかも、光沢があるから写真を撮るのも難しい。研究者泣かせな昆虫です。

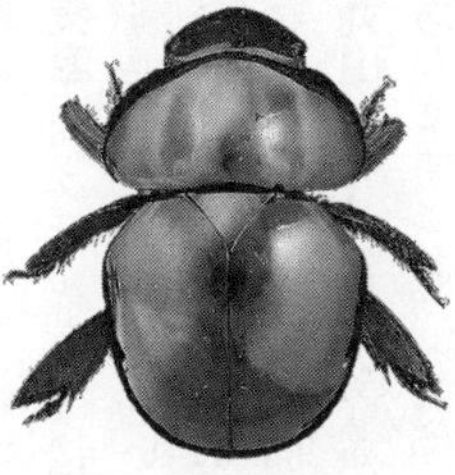

マンマルコガネ。金属光沢のツヤがあり、丸まると球形になるコガネムシ。©中瀬

養老　ラオスに行ったとき、池田清彦くんとその弟子の稲垣一くんが「これ、虫かな」「違うだろう」と捨てていたゴミみたいなのを見たら、マンマルコガネだったことがある。最初に見たときは不思議でね。何の仲間だろう、ガムシかなって。

丸山　ああ、わかります。

養老　丸さが似ているでしょ。これ、何を食べているんだっけ。

丸山　それもよくわかっていないんですよね。特に、成虫は何もわかっていません。マンマルコガネ科の半分くらいは、幼虫時代にシロアリの巣にいるんですけど。

中瀬　コガネムシのグループには、何を食べているのかもよくわかっていないやつが多いですよね。菌食しているんじゃないかと言われていますが、「かもしれない」止まりです。

養老　コガネムシでいうと、オーストラリアの北にいたこの昆虫（84ページ）が一体何者かものすごく悩んだんだよね。形はハナムグリとムネアカセンチコガネを混ぜたようなんだけれど、ハチっぽくもあって。

センチコガネモドキ。研究者でも知らないくらいレアもの。オーストラリアに棲息。　©養老

丸山　あ、これ、オーストラリア固有のグループですね。日本で見ない顔のやつだ。

養老　そう。いかにもブンブン飛びそうな感じでしょ。でもさ、なんだかんだ言って、「変な形だ」って思うのは人間の勝手でしかなくて。つまり、人間がどう見るかの問題なんだよね。ポルトマンという比較解剖学者が、「形」という言葉を「フォルム」と「ゲシュタルト」に分けたのがわかりやすいかな。「フォルム」はいわゆる普通の目で見たとおりの「形」で、「ゲシュタルト」は「姿」と定義したんだけども。

丸山　なるほど。日本語でも「すがた／かたち」と分けますね。

養老　「フォルム」は機能としての形で、「ゲシュタルト」は、なんと言うのかな、コミュニケーションというか、情報としての形。たとえばツノゼミは、なんでこんな変なフォルムになったのかわからない。なんらかのゲシュタルト的な意味があるのではないか、と言われているけれど……。

丸山　ツノゼミのなかには、明らかに「植物のトゲを意識しているな」というものがありますよね。ただ、ここまでエネルギーをかけて変な形になるというのは不思議です。昔からたくさんの学者が「こういう理由じゃないか」「いや、こういう環境の変化で」なんて議論していますが、どうしても想像の域を脱することはできません。

養老　丸山くんはどう考えているの？

丸山　私は複合的な要因だろうと思っています。捕食者対策にしても、Aという捕食者には食べちゃいけないと思わせるような色にしようとか、Bという捕食者からは目立たないようにしようとか、Cという捕食者の喉に入らないような形になろうとか、いろいろ組み合わせているうちにああいう色形になったのではないか、と。実際、あのでっかいツノが喉に引っかかるから天敵に飲み込まれない、という例もありますし。

中瀬　ひとつの要素への反応だけじゃないってことですよね。天敵、環境、いろいろな要素を踏まえて今の形になっている。

丸山　唯一言えるのは、どのツノゼミも変化しているのはただ一カ所、前胸背板だけ。すなわち、頭の上にある胸の部分だけということです。前胸を外すと、ほかの部分は皆、だいたい同じ形をしています。けれど、わかっているのはあくまで人の目に見える部分だけですね。ツノゼミの研究者は少なくて、その実態はよくわかっていないんです。まあ、ツノゼミというひとつの分類群に、これだけ多様な形があるということそのものが面白いんですけどね。本当に、面白くてたまりません。しかも、顔が可愛い。これも魅力です。

アリ好きのアメリカ

養老 世界に目を向けると、もっと面白い昆虫がたくさんいる。それに、昆虫にまつわる文化が違うこともまた面白いんだな。

丸山 国や地域によって、昆虫に対する考え方は違いますよね。たとえば、アメリカでつくられる昆虫映画は、たいていアリが主役級の扱いで登場します。『黒い絨毯』のモデルはグンタイアリですし、それこそ『アンツ』なんてそのまんま、アリが主人公。アメリカの研究者は、アリならアリを「とことん深めてやろう」という人が多いように感じます。一方で、ヨーロッパはある一定のレベルまで明らかになったら、それ以上先に進まない人が多い。昆虫研究の歴史自体はアメリカよりよっぽど長いのに、ヨーロッパの昆虫知識は1900年代前半の博物学的なレベルで止まっているような印象です。もちろんそれは、アマチュア研究者が多いことも関係していますが。

中瀬 積極的に昆虫学を研究していたヨーロッパの国々が、それくらいの時期に植民地をごっそり失っているからかもしれません。

丸山　ああ、なるほど。調査地がなくなったということか。

中瀬　東南アジアや南米は昆虫の楽園です。ここを失ったことで、手軽に研究ができなくなってしまったのではないでしょうか。

養老　ヨーロッパの博物学は、だいたい帝国主義とセットだからね。研究対象をよそから取ってきてしまうわけだから。でも、日本の研究のやり方はどちらかというとアメリカよりヨーロッパに似ているかな。プロはプロ、アマチュアはアマチュア、という線引きが割としっかりしていて、イギリス的なんだよ。

丸山　ヨーロッパや日本とアメリカは、そもそも標本のつくり方が違うんですよね。ヨーロッパ人と日本人の展足は、ご想像どおり、几帳面に仕上がっています。触角や足を整え、針はまっすぐ刺し、きれいな標本をつくり上げる。標本にする前の殺し方だって「酢酸エチル」という揮発性の薬品が入っている毒瓶に入れて、そのガスを吸わせる手法を取ります。そうすると死後硬直が緩んでふにゃふにゃになって形成しやすくなるうえ、乾燥中の腐敗も防げるんですね。一方でアメリカは、アルコールに直接ドボンと漬けて殺して持って帰って、針にブスっと刺しておしまい。ほんの小さい虫にまで針を刺しますから。

中瀬　あれを見ると逆に器用だなあ、と思います。「虫より針のほうが太いじゃないか！」って。

養老　まあ、細かいことは気にしないんだろうな。

丸山　分類の研究も、日本人研究者の考え方はヨーロッパに近い気がします。アメリカは、アリの研究方法ひとつとっても、やることがでかいというか。進化生物学をベースにしたりして、大ざっぱだけど大局的に見ている印象です。

養老　僕や丸山さんはいつも「地面の中にはもうひとつの生態系がある」と言っている。つまり、アリがつくっているのは巨大な生態文明みたいなものだ、ということだよね。そういう考え方の元祖は、やはりヨーロッパでしょう。

オーストラリアはすごすぎる

養老　海外といえば、オーストラリアも面白いよな。なにより、虫の総量が多い。森の中に入って石を持ち上げてみると、すぐにアリが見つかるの。どの石を持ち上げてみても、もれなくアリの巣がある。もう、「途方もないな」と呆れ果てて途中でやめたけれど、オーストラリアは本当に虫が多いところだと肌で感じたね。きっと、あの森の地下は全部アリの巣なんだろうな、と思わせられるよ。

丸山 ああ、いいですねえ、行ってみたいです。オーストラリアでアリと共生関係にある昆虫を専門に研究している人は、まだまだ少ないんですよ。

養老 アリそのものが多いから、アリの巣に棲む虫にまで手が回らないんでしょう。

丸山 たしかにそうですね。たとえばマレーシアなんて、ちょっとした森のほんの狭い範囲……そうですね、神社ひとつ分くらいの広さに日本全土にいる種数を上回るアリが生息していますから、アリを究めるだけでも一生かかるかもしれません。そういうところは、やはりアリの寄生生物にまで手が回っていないので、新しい発見が待っている可能性が高いです。

養老 中瀬くんがいちばん行きたいフィールドは？

中瀬 私もやっぱりオーストラリアですね。

養老 オーストラリアと南米は、一度住み着いてみたいよね。10年単位で移住する虫屋、結構多いですから。15年前にオーストラリアに行ったときに会った大学教授はもともとイギリスでゴモクムシの研究をしていたそうだし、知り合いの柴谷篤弘さん（生物学者）はもともと蝶屋で、30年間も移住していた。虫屋というのは、ああいう環境の虜になってしまう定めなんでしょう。理由は簡単で、日本の環境と「違うところがある」レベルではなくて、「全部違う」から。

丸山　ラオスやマレーシアといった東南アジアの国々だと、日本と虫の種類や環境が比較的近いですものね。

養老　そうそう、顔ぶれがだいたい似ているでしょ。オーストラリアは、生えている木がだいたいアカシアかユーカリだけ。それ以外の木が生えていたら、明らかに「よそ者」だとわかります。

中瀬　そうなんですか。

養老　とはいっても、ユーカリだけで300種類、アカシアも300種類あるので、一概に「植物の種類が乏しい」とは言えなくてね。でも、なんと言えばいいのかな。オーストラリアは、環境の幅が狭くて厳しいんだよね。日本は春夏秋冬があるし、地域によって寒暖の差もあるから、植物の種類も多い。つまり、環境の幅が広くて豊かだから、それぞれの環境に適応することで自然と昆虫も棲み分けができるんだ、という説があります。生きるのに必要な要件をちょっとズラせば、お互い邪魔せず平和に生きていけるんだ、と。ところが、オーストラリアの虫たちは、そうはいかない。環境が厳しくて生きていける場所が限られているから、数少ない「いい環境」にあらゆる昆虫がギュウギュウ詰めになってしまうのね。僕は、こういう環境だと擬態が増えるんじゃないかな、と思っているんだけど。

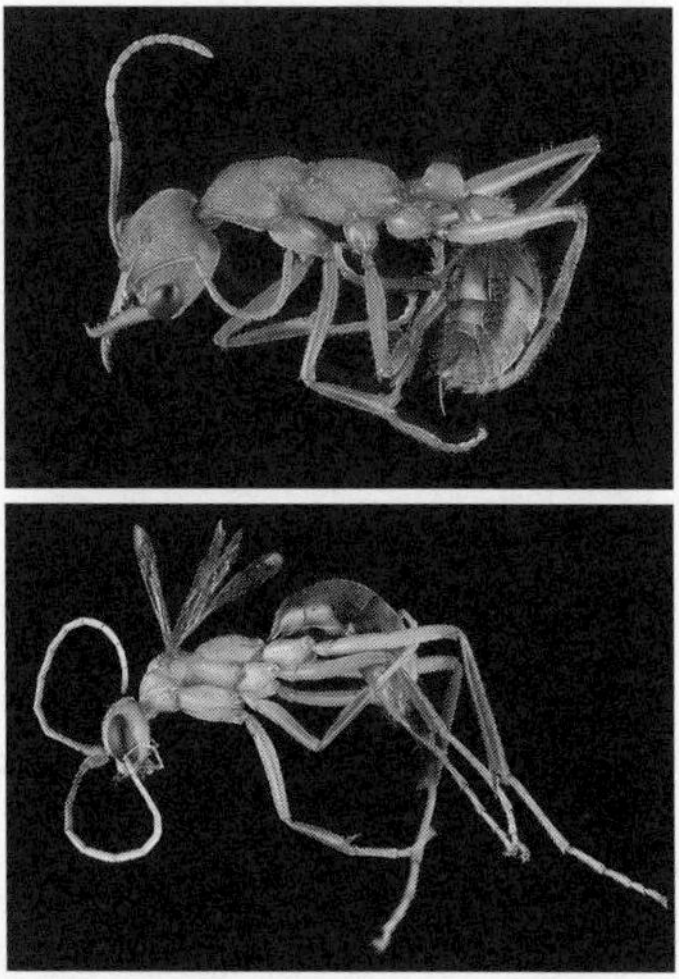

強い毒と攻撃性のあるキバハリアリ（ブル・アント）（上）とカリバチの一種（下）はカラーパターンを含めそっくり。 ©中瀬

中瀬　そういえば以前、海洋の生き物を研究している知り合いがオーストラリアに行くと聞いて、「ブル・アント（キバハリアリ）を捕ってきてほしい」と頼んだんです。それで、捕ってきてくれた昆虫を見てみたら、ブル・アントにそっくりな色や形をしたいろいろな虫が混ざっていて。カメムシの幼虫とか、翅が小さくなったベッコウバチの仲間とか。普段から生き物をよく見ている人でも、昆虫のプロじゃないと全部アリに見えてしまうという、擬態の妙を感じました。

養老　そう、ほかの環境に比べて寄生や擬態がダントツで多いのが、オーストラリアの昆虫の特徴です。種の密度が高いところで生き延びるのには、そうせざるを得なかったのでしょう。そんな背景があるからかどうかわからないけれど、オーストラリアの生物学者は、「環境が生物に与える影響」を調べる癖がありますね。

違う生物でも同じ色彩になる地域も

丸山 オーストラリアの好蟻性昆虫、研究してみたいなあ。でも、私のいちばんの憧れはニューギニアです。アリの巣の研究、まったく手付かずですから。治安が悪く、政府機能もうまく働いていないために調査許可がなかなか下りないというのが難しいところですね。これは確信していることなのですが、ニューギニアに行けば、絶対にとんでもない新属や新種が見つけられます。

養老 ああ、オセアニアのあたりもいいよね。ラオスやベトナムは日本人の常識に当てはまる昆虫がうようよしているけれど、フィリピンから先はガラッと変わるから。日本人の感覚からすると、配色が「変」になる。そういえば、蝶屋でもある奥本大三郎さん（フランス文学者）は『虫から始まる文明論』（集英社インターナショナル）の中で、「世界を見渡してみると、その土地における原始的なファッションとその土地にいる昆虫の色彩は非常に似ていることが多い」という話をしているよ。

中瀬 へえ、面白いですね。

右　ニシキオオツバメガ。チョウのような派手な翅を持つマダガスカルに生息する昼行性のガ。
左　サザナミマダガスカルハナムグリ。マダガスカルに固有の種で、上翅のさざ波上の模様と色がニシキオオツバメガのそれとよく似ている。　©丸山

養老　あと、同じ地域にいると昆虫同士も似た配色になるみたいでね。たとえば、アフリカのマダガスカル。ここでは、ツバメガとカナブンが同じ色のパターンをしているの。別の種類なのに、色だけ転写したような。

中瀬　アジアでもそういった例はいくつかありますが、まだ理屈はわかっていないはずです。人間の文化と類似しているのは、人間が無意識に自然の色彩を真似しているからでしょうけれど。

丸山　あまり外部環境と接触がなく、テレビもないようなところでは、美的な発想は自然から得るしかありませんからね。ほかに「美しいもの」

の情報がないんだから、それは必然です。そういえば、私のツノゼミの本もデザイン関係の人によく読んでいただいているようですし、小檜山さんのゾウムシの写真集も出版芸術社から刊行されているなあ。

養老　僕が不思議なのは、同じ地域に棲んでいるジャンルのまったく違う生き物が、まったく同じデザインをしていること。色素や構造、つくりは違うのに、パッと見たときの色彩のパターンだけがまったく一緒。色彩はあらゆる生き物にとってなんらかの情報のはずだから、擬態にヒントがあるんじゃないかとは思っているけれど、わからないな。

中瀬　そうですね。

島の宝庫・東南アジア～オセアニア

養老　今オセアニアの話になったけど、アジアからオセアニアにかけて興味深いのが、その地理と昆虫の分布。地図を見るとわかるけれど、とにかく島が多いでしょう？インドネシアとオーストラリアの間なんて、島ばかり。2014年にボルネオ島に行ったとき、なんとなく「海の上を飛んでいくんだろうな」と思っていたら、そうじゃない。沖縄列島、台湾、フィリピンのルソン島、パラワン島の上を通るんですね。つまり、半分くらいは陸じゃないかと気がついて。

丸山　これがハワイに行こうと思うと、ほぼ海の上ですからね。

養老　ハワイどころか、アメリカ本土まで太平洋が続くでしょ。ところが、アジアとオセアニアには島が散らばっている。土地が点々とつながっているのを地図で見ると、日本軍が南のほうに進軍しようと考えたのもわかる気がするんです。多少距離はあっても、ニューギニアまで地続きで近いように感じるから。

中瀬　実際、ツバメは越冬でインドネシアまで行っているわけですからね。

丸山　あと、アサギマダラも日本から台湾まで飛んでいきますね。東南アジアから飛んでくるものだと、ウンカやヨトウガもいますし、ニカメイガも中国からやってきます。

養老　そう。そのアジアからオセアニアにかけては、大陸移動の前に近くにあったり、ひとつの大きな島だったりした小さな島がたくさんあるんだよね。だから、昆虫の分布がユニークで。たとえば、インドネシアのスラウェシ島は複数の島で構成されているけれど、ゾウムシひとつとっても島の南北でまったく違う種類が生息しています。ひとつの島のはずなのに、虫だけ見ると北側は完全にフィリピンなの。一方で、フィリピンの南西にあるパラワン島は、虫で判断するとほとんどボルネオと言ってもいい。

丸山　私の大好きなカタゾウムシ属のゾウムシはフィリピンには分布しているけれど、パラワン島だけにはいませんものね。パラワン島にはちょっと原始的で、ボルネオと共通の属が分布しています。一種のウォレス線（生物分布境界線。インドネシアのバリ島からスラウェシ島西側、ミンダナオ島を結ぶ）のようなものがあるのでしょう。

養老　みんな、今地図で見える国や島でしか境界線を判断しないから、昆虫の分布もそれと同じだと思ってしまう。けれど、歴史を見れば違うということがわかるよね。はるか昔の大陸移動によって、今生きている昆虫の分布も変わっている。そういうことを意識すると、「フィリピンとボルネオに分布」という言葉の面白さだって感じられるかもしれないでしょ。

丸山　ええ、そうですね。

生物学者が軍やIT系に就職

丸山　ところで、冒頭でもご説明したとおり、『昆虫はすごい』は「人間がやっていることのほとんどは昆虫がやってしまっている」ということを伝えたくて研究者の立場から書きましたが、当然、昆虫の生態をなんとか実用化できないかと考える人たちもいるわけですね。たとえば、ミイデラゴミムシは小さな体の中で化学変化を起こして摂氏百度の強烈なオナラを出す昆虫ですが、この仕組みを応用すればエネルギー分野でなんらかの大変革が起こるかもしれない、といった話です。私が面白いと思ったのが、セオドア・シュネイルラというグンタイアリの研究者は米軍からお金をもらって、つまり軍事費でアリの研究をしていたという話。1930～1950年代の大戦時代のことです。グンタイアリは規則正しく動いて、獲物を狩って持って帰ってくる。この生態や仕組みを戦争に使えないか、ということで雇われたそうです。

中瀬　アメリカだと、生態学や行動学を学んだ人の就職先としても米軍の人気は高い、と聞いたことがあります。生態学の理論や考え方は、軍事に応用しやすいのでしょう。

養老　後方支援などでの資源の最適配分、物流の合理化なんかもあるだろうね。

丸山　最近は、米軍だけでなくフェイスブックやグーグルといったアメリカのＩＴ企業が、いろいろなタイプの生態学者を雇用しているという話を聞きました。人間の行動学を研究するうえで、進化生物学や分類学の研究者を集めてシミュレーションを重ねたりしているそうです。

養老　インターネットだって、もともと軍需産業みたいなものでしょう。インターネットの原型は核攻撃に備えたシステムだったという話がある。

中瀬　ということは、グンタイアリの研究はその先駆けですね。

丸山　ただ、不思議なことに、ヨーロッパではそういった面白い採用事例は聞いたことがありません。こういうところにも、生物に対する欧米の考え方の違いが見える気がします。当然、ヨーロッパ寄りの日本にもそんな採用事例はないわけですが。少なくとも私の知っている昆虫学者で「ITベンチャーに誘われました」「マイクロソフトに入社しました」という人は、いまだかつて聞いたことがありませんね。日本の場合、「自然史や基礎生物学で博士号を取得したら、一般企業には絶対に就職できない」とすら言われていますし。

中瀬　私の周りにもいません。数学を研究していて銀行や証券会社に行くことは割と普通のことになってきたけれど、生物学の場合、だいたいそのままストレートに研究者になっていきます。ところで、米軍によるアリの研究は、結局何の成果も生まなかったんですよね。

丸山　そう。残念ながら、グンタイアリの生態を応用して戦術や組織が変わった、ということは特になかったみたいです。

中瀬　今、フェイスブックやグーグルが昆虫生態学者チームを率いて取り組んでいる研究が、一体どういう成果をもたらすのか。楽しみですね。

虫の翅に工学デザインのヒント

養老　でも、どこに雇われようが、好きなことができるんだったらそれだけでいいよね。世の中の人のほとんどが会社に命を吸い取られて生きているなか、それだけでありがたいよ。あのね、19世紀は昆虫の研究なんて、時間のある王侯貴族の仕事だったわけですよ。だって、生活に余裕がないと、昆虫なんかに集中できないでしょ。森に行っては初めて見る昆虫に興奮するなんて、何の役にも立たない究極の道楽なんだから。そもそも昆虫たちは、人の役に立とうなんて思っていないからね。

丸山　ところが、近年は現実的に「役に立てよう」ということで様々な研究が行われています。バイオミメティクス（生物模倣工学）と言って、生物の能力や形態を直接技術に生かした製品もたくさん開発されています。

養老　今、まさに風力発電の羽をできるだけ安くつくるためにトンボの翅を研究している人を知っているよ。現状の風力発電の羽、ひどいでしょ。分厚くって、回すのにかなり強い風力が必要だし、結果的にコストも高くなる。ところが、トンボの翅は1000分の3ミリくらいの薄さで、どんなに弱い風でも捕らえることができるのね。だから、ウスバキトンボとかアキアカネとか、種にかかわらずみんな静止するように飛べる。これを利用したら、そよ風が吹いただけで電気がつくれるかもしれない、と考えていて。

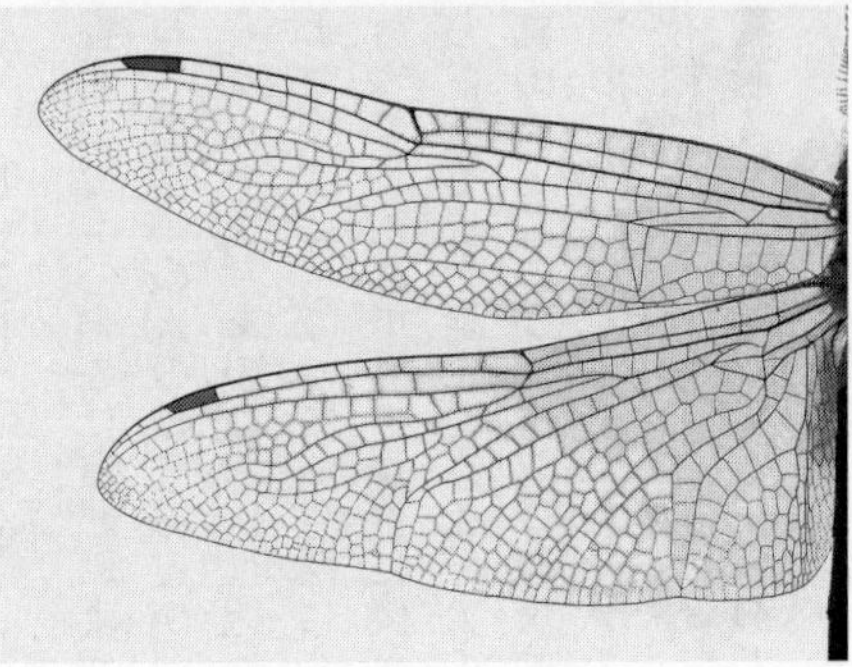

精巧なトンボの翅　©中瀬

丸山　バイオミメティクスの一環として、私も2014年にハネカクシの論文を東京大学の斉藤一哉先生と共著で出したばかりです。ハネカクシはその名のとおり、翅を細かくたたんで収納するんですね。ハネカクシの翅は結構かさがありますが、それを何十回も細かく折りたたんだものを一瞬でパッと開くことができます。その収納効率は昆虫界で最も高く、仕組みは最も精緻と言われています。それを人工衛星のソーラー電池パドルのように、宇宙工学や機械工学の展開構造のデザインに使えるのではないか、と言われていて。まずは仕組みを解明したのが、この論文*です。もちろん、身近なところでも傘のような日用品に使えるでしょうしね。（＊Asymmetric hindwing foldings in rove beetles, Kazuya Saito, Shuhei Yamamoto, Munetoshi Maruyama, Yoji Okabe）

養老　そうそう、ハネカクシを標本にするときに翅が出ちゃっていることがあるんだけどさ、「これ、入らねえよ」と途方に暮れてしまう。どうやってたたんだらいいのか見当もつかなくて。

中瀬　甲虫は翅を広げるときは一瞬ですけど、翅をたたむときは割とトロいですよね。もぞもぞして、よいしょ、よいしょ、という感じで。ハネカクシはどうですか？

丸山　ハネカクシはほかの昆虫よりは速くて、数秒程度かな。というのも、普通の甲虫が翅をたたむときは一度左右でそれぞれ折りたたんでから重ねるけど、ハネカクシは最初に左右の翅を重ねて、そのまま2枚同時に折りたたんでしまう。今までも「どうやら左右で折りたたみ方が違うぞ」ということはわかっていたけど、対称性のある翅を重ねてたたむから非対称になる、ということまで明らかになりました。

養老　そういう特殊な生態を現実世界に生かそうという流れは、昔からずっとあるんだよ。それこそライト兄弟だって、飛行機の羽をつくるときに鳥の羽を参考にしたと言われているわけだし。

丸山　特に注目を集めているのはここ数年のことですよね。養老先生がおっしゃったような、トンボの翅なんかは実用化に向けて動いていますし、モスアイ（光を反射しにくいガの複眼の構造）を生かした無反射フィルムもテレビに活用されています。

中瀬　ただ、モスアイや翅の折りたたみ構造のように虫の生態から直接アイデアを持ってくると、どうしても寿命が短いようです。基本的に、昆虫は何十年も生きることを前提とした仕組みを持っていません。ですから、昆虫の生態をそのまま実用化したところで、時間スケールが違いすぎて耐久性がないんです。

養老　今あるものを応用しようという発想じゃあ、うまくいかないだろうな。基礎の基礎を突き詰めていった先には、実用化のヒントもあるだろうけど。今、僕たちが考えられることなんてたかが知れているんだよ。もちろん、何にも得られないとは言いません。ある程度、昆虫の形態や生態を生かすのはいいとして、全部がそれにおんぶにだっこしてもらおうと思ったって、そんなのうまくいきっこない、ということです。

第2章

社会生活は昆虫に学べ！

認めることから始まる

丸山　前作の「人間がしていることは、すべて昆虫がやっている」というキャッチコピーを見て、「そんなわけないだろう」と思われた方も多いと思います。もちろん、昆虫が検索エンジンをつくったわけでも、宇宙に飛んでいったわけでもありません。しかし、巨大建築をつくりもするし、結婚詐欺だってするし、農業だってする。生活の基本は、倫理部分を除けば、だいたい昆虫は人間の先をいっています。

中瀬　集団生活もするし、カーストもつくるし、子育てだってしますよね。「なんでもしている」と言っても過言ではないな、とあらためて感じました。

丸山　でも、私が伝えたいのは、そういうひとつひとつの事象で先駆けているということはもちろん、昆虫をとおして生き物はこういうものなんだ、そして人間も例外ではないんだ、と知ることです。知るというか、「認める」姿勢が必要なのではないか、といつも感じていて。

中瀬　認める？

丸山　はい。バイオミメティクス的な発想で、昆虫から具体的な事例を教えてもらって具体的な問題を解決することも素晴らしいことです。けれど、昆虫をとおして人間を見ることで、「人間だってひとつの生物だから仕方ない」とある種の諦めを持つことができるのではないか、と思うんですね。今の人間社会だと、最初に倫理がくるでしょう。「心ある人間だったらこうすべき」という、ごく一般的にみんなが共有している道徳的な話が。たとえば、昆虫のこともほかの生き物のことも何も知らない人にとって、「人を奴隷のように扱うなんてけしからん！」という価値観を持つのは当たり前のことです。なぜなら、問題から現実を見ていくわけですから。

養老　そうだね。

丸山　でも、大切なのは、生物としてこういう本能があるんだ、こういう振る舞いは自然なことなんだ、だって昆虫だってそうじゃないか、と一度認めてしまうことではないかと思うんです。そして、その認めたものをとおして現実を見ていくことで、「なぜそうなるか」といった理由や仕組みを理解する。さらに、人間社会を暮らすうえでその問題はどう捉えればいいのか、考える。最後に、どのように対処していけばいいのか、考える。まあ、本当に解決するかどうかはわからないですが、とりあえずその順番で考えるべきかな、と思います。

中瀬　昆虫の場合、「お互い平和的に、倫理的にやっていきましょうや」なんて思ってもいません。必要悪というと少し違うかもしれませんが、とにかく利害がぶつかればそのままぶつかり合うのが基本姿勢なんですね。じゃあ、人間もそっちに倣《なら》っていいのか？　というと、それは絶対に違います。人間が一斉に昆虫に倣ったら、それこそ一瞬で地球は滅びてしまうでしょう。そんな大きな話でなくとも、「弱ったヤツらはみんな死んでしまえばいいじゃないか、なんで病院なんてあるんだ」となってしまう。

養老　ハハハ、そうだね。

中瀬　私は、昆虫から何を学ぶか、そして何を学ばないかが重要なんじゃないかと思います。まずは昆虫が何万年も昔からどんなことをしているのかを知って、単なる「虫ケラ」ではないことからあらためて理解できれば、と。

丸山　恋愛も、農業も、戦争も、人間が今の形に進化するずっと前から地球のどこかで昆虫が済ませている。われわれがしていることを先取りしている「生物の先輩」として昆虫がどのようなことをしてきたのか、家族、住まい、恋愛、男女関係、食べ物といった暮らしや、「社会関係をどう生きていくか」という課題を中心にしつつ、昆虫の生態をなぞっていきたいと思います。

子孫を残せない働きアリの悲哀

丸山　社会関係といえば、まず語るべきは社会性の昆虫です。やはり人気があるのは、アリでしょうか。1998年にはドリームワークスの『アンツ』、ディズニーの『バグズ・ライフ』と、それぞれアリを主人公にした長編アニメーションが2本もつくられました。『アンツ』は主人公のアリの自立を、『バグズ・ライフ』はアリから搾取するバッタに立ち向かう姿を描いた物語ですが、私はあれを見て、つくづくアメリカ人はアリが好きだなと思ったんですよね。

養老　本当、そうだよね。アメリカじゃないとできない映画だと思う。もっとリアルに描いたらだいぶ違う映画になっちゃうけどね。

中瀬　たとえば、図々しい居候がやたらいるとか、そいつらが背景でむしゃむしゃ幼虫を食べているとか、ですか？

丸山　アリの死骸を背中に乗せているやつがいたり。

養老　それじゃあだいぶ嫌な映画になっちゃうじゃない。それにしても、アリをはじめ社会性の昆虫が好きな人って、昆虫一般が好きな人とはまたちょっと違いますよね。

丸山　ああ、それは全然違うと思います。だから、アリの研究者で昆虫全般に詳しい人って、まずいないんですよね。アリしか知らないという人ばっかりで、広げてもアシナガバチやカリバチまで。いずれにしろ、社会性の虫という区切りですね。アリという生き物よりも、社会性という事象に興味がある人が多いのがその理由だと思いますが。

中瀬　逆に、ファーブルはあれだけ昆虫を研究しておきながら、意外にも社会性のハチやアリは手薄というか、あまりやる気を感じません。ここは、昔から分かれるところなのでしょうね。

養老　たしかに、社会性の昆虫はほかの昆虫とは違う魅力があるような気はするな。だから映画にもなるんだろうけど。

中瀬　集団行動のなかでそれぞれに役割があったり助け合ったりと、擬人化しやすいんですよね。

丸山　ただ、アリって、仲間同士で仲良く協業しているように見えるけれど、実は本当に単純な生き物で。特別に賢くもないし、もちろん感情があるわけでもありません。こういう刺激がきたらこう動く、という反射の繰り返しで生きているだけなんですよ。研究者にとっては、一定の法則があるから研究対象として扱いやすいし、面白いんですけど。

養老　ひとつひとつは単純な刺激と反応の組み合わせでも、それがいくつも起こることでこれだけ複雑な行動が取れる、というのが魅力的なんじゃないかな。

丸山　そうですね。「超個体」と言って、集団そのものをひとつの巨大な個体としてみなすことができるのが、社会性の昆虫の特徴です。何百万ものアリが暮らすひとつの巣全体で、ただ1匹、女王アリの持つ遺伝子をなんとかたくさん残そうとするわけです。そういう使命を共有していないのであれば、自分の直接の子孫を一切残せない働きアリや兵隊アリが、協力的に過ごすはずがありません。

養老　自分の遺伝子は残せないのにせっせと巣に貢献するのは、生物として不思議な感じもするな。

丸山　同じ巣にいる兄弟姉妹の遺伝子を残すことが、結局は自分の遺伝子の一部を残すことになるのではないか、という有名な説があるんです。宇宙人が攻めてきて人間が滅びそうになったとき、自分の子供じゃなくても「甥っ子や姪っ子が生き残ればいい」と考えるようなイメージですね。

養老　うーん、その説もなんか怪しいな。それだけではないだろう、と思うけれど。

丸山　ちょっと腑に落ちづらい論でもありますよね。いかんせん、彼らはただひたすら一生働き続けて寿命を迎えてしまいます。生殖を担当する女王アリ、食べ物を持ってくる働きアリ、戦う兵隊アリという役割が明確に分かれているということは、自分のやるべきことに特化して働けるということ。一匹であれもこれもやるより動きの種類も少ないため、はるかに効率がいいんです。

種を残すため個は犠牲!?

中瀬 社会性の昆虫が人間的に見える理由として、「女王アリ」「働きアリ」という名前のつけ方もありますよね。あの呼び方によって、人間に近いような思い込みを持たされる気がします。『みなしごハッチ』を引きずってしまうというか。

丸山 「女王アリ」という呼び方はもともとヨーロッパ発祥で、Ｑｕｅｅｎと呼ばれていたのをそのまま日本語に訳したものです。でも、生態をなぞっていくと、どうも「女王」とは違うかな、と思いますけど。

養老 超個体で考えると、「卵巣」みたいなもの。生殖器でしょ。

丸山 ええ。女王アリが卵巣だったら、働きアリは手足ですね。集団で動き、それぞれが役割を担っている超個体は、１匹ずつ独立して生きる昆虫に比べて抜きん出て強い存在です。ただ、超個体という存在があまりにも強いために、複数の超個体が同じ場所にいることが困難になってくる。同じアリであっても、種数が必要以上に増えることで、別種同士で競争が始まる危険性が高まってしまうんですね。日本で社会性のある昆虫といえば、樹上にはスズメバチやアシナガバチ、地上にはあらゆる種類のアリなどが挙げられますが、実は、それほど多くの種数がいるわけではありません。ひとつの小さな山に、トラとライオンとヒョウとクマが同居できないのと同じです。

養老 そんな強い昆虫もいれば、アブラムシのように天敵だらけの昆虫もいる。そういう「幅」を見ると、自分の遺伝子だけでなく種や属、科を残そうとするマクロな生存戦略があるように見えるから面白いよね。まあ、そんなものはないと言われているんだけど、多種多様な昆虫の生態を見ていると、「昆虫」というジャンルを残そうとしているんじゃないか、とロマンを感じてしまう気持ちもわからなくはないな。

丸山 そうですね。ただ、集団で生活する昆虫、つまり超個体の種数は結果的にあまり増えなかったのではないかと考えられてはいます。超個体というのは、それほど生態的に優位なんです。

中瀬 けれど、1匹で生きていれば特定の時期に大量の卵を産んでおしまいのところ、アリは集団を維持するためにどんどん新しいワーカーを供給しなければなりません。そのため、常に未来のワーカーである幼子を抱える必要がありますから、その子供たちのエサも取ってこないといけないし、死なずに育つような環境も維持しないといけない。先ほども少し触れましたが、この「維持する」という判断をしたり、実際その状態を保つためには賢さが求められるので、大きな脳が必要なんです。大きな脳をつくって維持することは生物にとってコストなんですけど、アリはそれをやってのける。すごいですよ。

丸山　ほかにも社会性の昆虫としては、集団で生活し、分業カーストを持つアブラムシが数種いますね。アブラムシはぶよぶよと柔らかく天敵に狙われやすいので、いざというときには攻撃して追い払う専門の幼虫もいるんです。いわば、捨て駒的な戦士です。

中瀬　しかも、その戦士であるアブラムシは、繁殖能力を一切持っていません。正真正銘の捨て駒であり、自爆テロリストのような存在です。

養老　自分の子孫を残したい。そのためには、いかなるコストやリスクも厭わない。それが、ほかの昆虫にはないところだよなあ。

モテない雄は交尾できない

丸山　社会性と並んで『昆虫はすごい』のなかでも反響が大きかったのが、やはり「恋愛」でした。雄と雌のラブゲーム、ですね。口説いたり、フラれたり、成就したり、ダマされたり……みなさん、きっと心当たりがあったのでしょう。

中瀬　昆虫の世界では、雄が雌に「選んでもらう」ことが圧倒的に多い。ほかの生物でもだいたいそうで、鳥類ではクジャクが有名ですよね。茶色の地味な羽の持ち主は雌で、美しい芸術的な羽根を持っているのが雄。なぜなら、美しさと大きさをほかの雄と競い、雌を惹きつけなければいけないから、というのは有名な話です。

丸山　人間もそうですが、多くの雄の「精子を出す」という交尾行動は同じ相手に複数回できるし、複数の相手にもできる。「一回きり」に賭けなくても、まあ第二夫人、第三夫人が自分の遺伝子を受け継いだ子供を産んでくれるだろう、ということですね。ところが、雌はだいたい一回の交尾で卵を産むために必要な精子はもらえるので、もうそれ以上交尾する必要がありません。むしろ、交尾行動を複数回することで下手に体力を奪われてしまいかねない。短い期間に複数の雄と交尾することは、ほとんどの生物の雌にとってデメリットが多いわけです。

中瀬　だから、雄を慎重に選ばなければならない。

養老　オドリバエの婚姻贈呈なんて、まさに選んでもらうためのものだよね。

オドリバエの婚姻贈呈

丸山　はい。「雄がエサとして捕らえた昆虫を雌に見せ、それを目当てに近づいてきた雌と交尾をする」という行動は、いかにも人間の男性も使うような手口でしょう。おそらく、最初はただ雌がエサを奪って食べている間にささっと交尾をしてしまおう、という行為だったと思います。それがだんだんと進化していくにつれ、種によっては体から出てくる糸を使い、まるで包装したかのように獲物をぐるぐる巻きにして手渡すものも現れた。そして、さらに進化すると、中身を入れずに糸でつくった外箱である風船だけを雌にあげるようになりました。ご想像のとおり、雌もそれに応えて交尾するんですね。

養老　形式化してしまったわけだ。指輪の入っていない箱、みたいなものかな。

丸山　そもそも雄が雌にプレゼントを渡すようになった理由としては、獲物を捕れるだけの体力、体格、強さがある雄だとアピールすることで、良質な子孫を残すという目的に適った相手だと雌に思わせることができるからでしょう。形式的なプレゼントではありますが、糸風船だって、それをつくれる体力があることを雌に誇示することになるはずです。ただし、雌がなぜ「指輪なし」でよしとするようになったのかは、よくわかっていません。

中瀬　物の大きさや質を比べて、「どちらにしようかな」と天秤にかける。その基準は、それぞれの虫による「文化」なんですよね。たとえば、糸できれいな玉をつくる雄がモテるという文化であれば、ガタガタの玉しかつくれない雄は子孫を残せないでしょうし、とにかく大きな獲物を狩れる雄がモテるという文化であれば、体の小さい狩り下手な雄は生き残ることができないでしょう。人間の、モテるために必要な要素が時代によってやや違うのと似ているかもしれません。

丸山　あるときは三高（高学歴・高収入・高身長）、あるときは三平（平均的収入・平凡なルックス・平穏な性格）、という感じかな。ガガンボモドキも雄が雌に虫を捕ってプレゼントするのですが、こいつに関してはもう、雌は明らかに大きなエサを選びます。といっても、ただ雌が食いしん坊でがめついわけではなく、ガガンボモドキは雌がエサを食べている間が交尾時間となるので雄にもメリットがあるんです。小さいエサだと交尾時間が短くなってしまいますから、確実に交尾できるか微妙なんですね。雄の「交尾時間を長引かせたい」と、雌の「たくさん食べたい」の両方の欲求を満たすのが大きなエサだということです。

1週間交わり続けるカメムシ

中瀬　そういえば、やたら長時間交尾をするカメムシもいますよね。何十時間は当たり前、滋賀県立大学の西田隆義さんの研究だと、ダイフウシホシカメムシは1週間以上も交尾するそうですから。

養老　へえ、1週間。それは長いな。

中瀬　はい。この長時間交尾において、いつまでつながっているかの決定権は雌にあるんですね。雄の交尾器が雌に入ると、雌はがっちりホールドしてしまいます。たとえ雄が「もうそろそろ離れたい」と思っても、ホールドされているとびくともしない。雌に離してもらうか、さもなくば引きちぎって逃げるしかありません。まあ、引きちぎると自分も死んでしまうわけですが。

養老　要は、逃げられないんだ。

中瀬　そうなってしまいますね。そして、雌が強いのは主導権を握っているところだけではありません。交尾中、運悪く捕食者が現れたらどうなるかというと、雄のほうが小さいので、雌が雄を引っ張って逃げる形になるわけです。そうすると、やられてしまうのは捕食者のほうを向いている雄。長時間つながっているのは無防備に思えるかもしれませんが、このように、いざというときのメリットがあるからこそ雌はがっちりホールドするということです。

養老　うーん、おとりというか、自分が食われずに逃げて、確実に子供を産むための知恵だよな。もちろん、雄にとっても長時間交尾ができて、確実に自分の遺伝子を残せるというメリットがあるからこそ、そういう仕打ちを受け入れているんだろうけれど。長い交尾をするのは、一種の貞操帯のような意味もあるよね。

丸山　そうですね。雌にも同じく、無駄な交尾を避けるというメリットもあるでしょう。

中瀬　余談ですが、私が京都で見つけたホソコバネナガカメムシは、交尾中の雌が死んでいたんです。おそらく不慮の事故なんですが、こうなると雄は不憫。死んだ雌を一生引きずって生きていかないといけないんですよ。見つけたときはギョッとしましたが、なんともかわいそうな姿でしたね。

男女逆転!? 雌が雄に挿入

丸山 最近のいちばん面白い交尾にまつわる発見は、やはり北海道大学の吉澤和徳さんが発表したトリカヘチャタテでしょう。ブラジルの洞窟に生息するチャタテムシの一種で、雄雌逆転現象が起きているというものです。普通、交尾と言うと雄の陰茎を雌に挿入するのですが、トリカヘチャタテは雌が陰茎を持ち、主導権を握って上に乗り、雄に挿入します。雌の子宮や膣が反転する形で交尾器になっていて、それを雄に挿入したら、精子を掃除機のように吸い取ってしまうんです。

トリカヘチャタテの交尾　©Rodrigo L. Ferreira

養老 「トリカヘチャタテ」という名前は、平安時代につくられた姉と弟が性別を入れ替えて暮らす物語、「とりかへばや物語」が由来なんだろうね。雌が雄の背中に乗って襲うなんて、まさに男女逆転現象だな。

丸山　どうしてそういう進化を遂げたかというと、トリカヘチャタテの住環境が原因なんです。そもそも、キリギリスなどの昆虫にもよく見られる交尾の儀式として、雄がタンパク質の塊のような栄養素をつくり、精子と一緒に雌に与えるというものがあります。精子と栄養素を同時に出すことで、交尾することのメリットを雌に提供するわけですね。この儀式を行うのは、トリカヘチャタテも例外ではありませんでした。ところが、あまりにも栄養源に乏しいところに棲んでいるトリカヘチャタテの雌の場合、精子と同時に貴重な栄養素がもらえるのが、ありがたくて仕方がない。雌がその栄養素を重宝するあまり、「ぜひ交尾したい。いや、させろ」とやる気になり、どんどん逆の立場になっていった……と言われています。

中瀬　現代で言う、肉食女子みたいな感じですね。

丸山　うん、まさに。ところが、あまりにも雌が雄を襲うと、今度は雄がその栄養素をつくることのほうが難しくなるんですね。先ほど言ったとおり、普通の昆虫であれば、雌のほうが雄より交尾への投資やリスクが大きいものです。けれど、トリカヘチャタテの場合はそれが逆になってしまって。「栄養素がほしい。交尾しないのか？　それならこちらから襲って吸い取ってやる」「いや、やめてください、貴重な栄養素付き精子なんです」という状態です。

養老 ハハハ。栄養体の生産のほうがコストはかかるからね。

中瀬 ほしいものは諦めない。雌は強し、ですね。

雌を束縛し自らは浮気する雄

丸山 どうも雌が強い話ばかりしてきましたが、もちろん、ただ雄が下手に出て「どうか自分と交尾してください」とプレゼントをしたり、雄化した雌に一方的に襲われたり、というわけではありません。一度交尾してしまえばこちらのものと言わんばかりに、自分と交尾をした雌に対して物理的な制限をかけてしまう強い雄もいます。

養老 いわば亭主関白タイプだな。

丸山 雌は、その制限によって一度しか交尾できないため、必ず、初めての交尾の相手である雄の遺伝子を持った子供を産むことになります。具体的には、ギフチョウやウスバシロチョウ、ゲンゴロウモドキですね。これらは交尾をした相手の雄が、雌の生殖器に交尾栓という蓋をしてしまうんです。自分は好き勝手にいろいろな雌と交尾するのに、自分が処女を奪った雌には貞操帯をつけるということですから、人間で言えば束縛気味なくせに自分は浮気をする男のようなものかもしれません。また、自分より先に交尾をした雄がいても、その雌に子供を産んでもらうことを諦めない強引な雄もいます。前の雄が挿入した精包を掻き出したり、逆に奥に押しやったりする肉食男子ですね。カワトンボが代表的です。

ニシカワトンボ

雌だけで子供を生める昆虫たち

中瀬　そういった強い雄がいるのは間違いありませんが、生物として強いのは、やはり雌ではないかと思うんですね。というのも、単為生殖（雌が単独で子をつくること）できるのは、現状、昆虫では雌だけですから。仮に大きな環境の変化があったとき、雄と雌が揃わなくなっても、子孫を残せる可能性があるのは雌だということです。雄は滅びるしかないわけですから、生殖だけ見ると性として優位なのは雌なのかな、と。どうでしょうか。

丸山　うん、それはあると思います。

中瀬　雌しかいない種というのはたまに見る現象ですが、雄しか見当たらない場合は「どこかに雌がいるけれど発見されていない」と考えるのが定説ですよね。もしかしたら雄だけで単為生殖をしているものがどこかに存在しているかもしれないけれど、現状、その可能性は低い。ただ、それでも「いない」ということの証明は難しいので。

養老　そうそう、そのとおり。雌だって同じことだよ。「雌しかいない」ではなく、「雌しかつかまえられていない」「雌しか見当たらない」が正解だよね。100パーセント言い切れないのが、虫の世界だから。ただ、中瀬くんが言うように、基本的には「雄しかいない昆虫はない」と考えてもいいのかなとは思うけれど。

中瀬　そうですね。

養老　そもそも、どういう基準で雌雄は分かれているかを一言で表すと、子孫を残すものを雌、その手伝いをするものを雄と言っているわけ。その雌雄を分ける根本のところで「あなたの手伝いはいりません!」と言えることが、単為生殖の強みということだね。

丸山　ただ、単為生殖はどんな環境でも子孫を残せるというメリットがある反面、いわばクローンですから遺伝的には単一です。つまり、遺伝子のパターンが一種類だけなので、新しい病気が発生したとき対応できずに一気に滅びてしまうリスクを抱えています。雄と雌で生殖するということは、いろいろな遺伝子が混ざり合うということ。つまり、生まれた子供の遺伝子にも多様性があるということです。病気が大流行して9割の仲間が淘汰されても、1割は生き残るやつが出てくるかもしれない。より確実に子孫を残すことを考えるのであれば、環境が許すかぎり雄と雌が交尾したほうがいいとは言えますね。

養老　でも、面白いのはさ、クローンのくせにまったく同じ形にはならないということだよね。単為生殖であっても、昆虫は後天的な環境が結構フォルムに影響を与えるみたいで、サイズも形もだいぶ違ってくるの。人間の一卵性双生児だって、理論上はクローンだけど顔が違ったりするでしょ？　多くの人が遺伝子は万能で遺伝子によってすべて形が決まると思ってしまうけれど、決してそうではないんだよ。そうそう、実は僕、クローンをつくりたかったんだよね。

丸山　えっ！　そうなんですか。

養老　昔のことだけどね。なぜって、クローンをつくって、それらが育つ過程で形や大きさが違ってきたら、それはすべて環境の影響だとわかるでしょう？　そこを観察していけば、遺伝的な影響で形が違う部分と環境で変わってくる部分、はっきり分けることができるじゃない。同じ遺伝子を持っていても、体が形成されていく過程での栄養状態が違えばたちどころにサイズも違ってくるだろう、と考えたりしていて。

丸山　それ、ぜひやってほしかったですね。

弱そうな雄も陰でしっかり交尾

丸山　ところで、雌にモテるためにいろいろと頑張っている雄ですが、やっぱり体が小さかったり、争いに負けたりしてしまう弱い雄も存在します。そんな昆虫たちを見て私が「人間も学ぶべきだな」と思うのは、虫たちは実に多様な生き方を持っているということです。

養老　生き方？

丸山　今までの生物学の学説でいえば、弱い雄は、イコール、モテない雄のはずなんですね。ところが、「どうせ俺なんて」と諦めて誰とも交尾をせずに死にゆくわけではない。それは、「自分の遺伝子を残す」という唯一の使命を放棄してしまうことになりますし、昆虫はそんなつまらないことを考えたりしませんから。

養老　そりゃそうだな。

丸山　クワガタはよく「雄同士がケンカをして、勝ったほうがモテる」と言われますが、実は小さい雄も効率的に交尾をしているのではないか、とも考えられています。大きい雄は目立つから、目立つもの同士でケンカが勃発しやすいんです。でも、小さい雄はほかの雄にバレないようにコソコソと雌に近寄って、気づかれないうちにちゃちゃっと交尾をする。勝ち目のなさそうな大きな雄とは活動時間帯をズラして交尾する、ということもあります。

中瀬　王道を行かない勇気と言いますか……。「必ずこの形が成功する」とは一般化できないということですよね。

養老　それが、すなわち「生物多様性がある」ということでしょう。答えは1個じゃないんだよ。1個にしたら面白くないし、あっという間に数も減っちゃうはずだから。もし、「小さいクワガタ」が本当に弱かったら、とっとと絶滅しているはずです。でも、コソコソしてでも生殖のチャンスを逃さないということは、小さいクワガタも十分に強い存在なんだよね。もちろん大きいクワガタだって間違いなく生物として強い存在だから、みんなが一斉に小さいサイズにもならない。人間だってそうでしょう。身長が高い男性だけが残ったわけでも、くびれのある女性だけが残ったわけでもない。

中瀬　昆虫が、目の前のほかの個体に対して自分が大きいのか小さいのかを認識できているのかどうかは明らかにされていません。とはいえ、何回かケンカをすれば、このサイズより大きいものには勝てないとか、どうも負けどおしだとか、ある程度の学習はできるのではないかと思います。そのなかで、「よく負けるから戦いは避けよう」と判断できるものが、先ほどのような「コソコソ戦略」を立てるのかもしれません。もしくは、闘争したがらない性質のものが小さく生まれる、という仮説も立てられるでしょう。そこはまだ検証の余地がありますね。

雄と雌で形が違うのはなぜ？

丸山　それにしても、モテるのはつくづく難しいことです。異性から見初《みそ》めてもらうためには、何かしら効果的なアピールをしなければいけないわけですから。

養老　あのさ、昆虫は往々にして雄と雌で形が違うでしょ。ミツギリゾウムシは雌が雄に比べてうんと長い口吻《こうふん》を持っていて、それを使って朽木に穴を開けて産卵する、とか。

丸山　体格や体の構造の違いが現れる「性的二型」と呼ばれる現象ですね。

養老　そう。もしかしたら、その違いはただ「遺伝子的に違う」だけで、実は何のアピールにもなっていないかもしれない。けれど、もしも意味がある、つまりアピールになるとしたら、形質的な違いを昆虫たちは見極めていると言えるんだよね。

丸山　そうですね。

養老　その前提に立ったうえでわかりやすいところで言うと、やっぱりクワガタかな。雄はワケがわからないくらい大きなアゴを持っているでしょう？　一体こんな変な形のアゴが何の役に立つのかって、昔から議論し尽くされてきたんです。ちょっと前までは「戦いに勝つため」が主流の考え方だったけれど、今は違う。「こんな扱いづらいアゴを持っていても、自分は元気で生きています」という雌に対するアピールだと言われていて。「生きるために不要なアゴを持っているくらい余裕がありますよ」「こんなに元気に生きる体力があるんですよ」という必死のアピールなんだ、と。

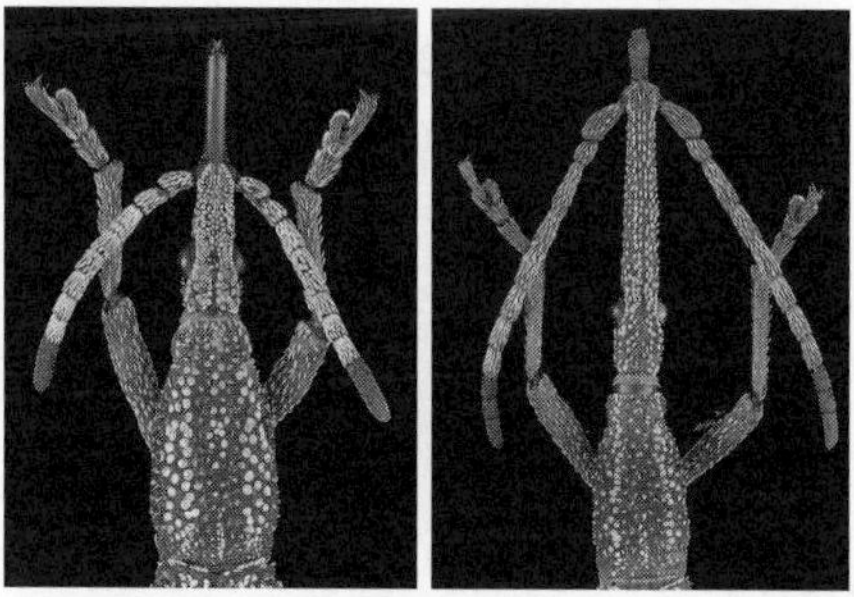

ミツギリゾウムシの一種。雄（右）、雌（左）。雌は長い口吻を持つ。　©中瀬

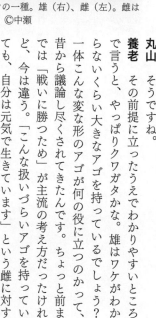

中瀬　いわゆるハンディキャップ仮説ですね。一見生存に不利な行動や形態になることで、逆に個体のアピールにつなげるという。クジャクの立派な尾羽根もそうだし、シカの大きな角もそうですよね。

養老　そうそう。それに、シカって敵が来るとぴょんぴょん跳ねるのね。長い間、仲間に「危ないよ！」と伝えていると言われていたけれど、そんなことをしたら自分が体力を消耗してしまうでしょう。自分の遺伝子を残すためには損なはずで、「利他的だな、エライな」なんて思われていたわけ。人間はすぐに「群れのためにそういう行動をする」と解釈するけれど、実はこれ、利他行動でもなんでもなくて、一種の演技だろうというのが今の説なんです。つまり、「自分はこれだけ元気です、体力があります。だから追いかけても無駄ですよ」と捕食者に対して示している、と。さらに、雌に対しても「これだけ体力があります」というアピールになるでしょ。

中瀬　そして生き延びた暁にはモテる、というわけですね。もちろん、自分の力以上に頑張ってしまうとすぐにやられてしまうのですが。

養老　人間でも良い例があります。アフリカのある地域の人は、食べもしない、活用もしないのにウシを飼うんだよね。これもハンディキャップ理論のひとつでしょう。

丸山　ウシ？

養老　ウシを飼うというのは、富の象徴であり、社会的地位の誇示であり、名誉欲を満たすための行為なの。要は、プライドのためだけにウシを飼っている。実用を求めて飼っているわけではないから、飢饉になっても決して食用に回すことはない。

中瀬　たとえ、それが自分の首を絞めることになっても、ですか？

養老　「ウシを何頭持っているか」が存在価値で、その社会が持っている共通の価値観なんだよね。日本人だって同じことをしているでしょ。実用性なんて全然ないのに、何が偉いんだかわからないお坊さんを一生懸命ありがたがっている。謎めいた階級があって、上の階級により高い価値を置く。そしてそれに高いお金を払うわけです。

丸山　ハハハ、たしかに。

中瀬　さっきのクジャクの話でいえば、柄や色だけでなく、羽の長さがクワガタのアゴの大きさにあたりますね。やたら長い羽って、よく考えたら危なくて仕方がありません。天敵につかまるリスクを背負っているようなものですし、俊敏な動きも犠牲にせざるを得ないでしょう。けれど、雌にしてみたら、あんなに重たいものをパーっと広げながら元気に生きているということが「強い男、素敵！」となるのかもしれません。

養老　でもさ、このハンディキャップ仮説の考え方も、いかにも人間的でしょう。クワガタのアゴが大きいことも、ダーウィンは素直に「雌の好みだから」という解釈をしている。選ばれる雄はアゴが大きいから、競って大きくしていくうちに、どんどん進化していきましたってね。これがいちばん古くてシンプルな解釈かな。

丸山 今の解釈は、もう少し象徴的な感じでしょうか。もしかしたら、この解釈はどんどん変化していくかもしれません。

養老 きっとそうだろうね。

広大な環境でどうやって出会う？

養老 僕がいつも不思議に思うのは、雄と雌の出会いなんだよね。フェロモンを出したりホタルのように光ったりと言われてはいるけれど、森は人間にとっても広大でしょう。あんなに小さい昆虫が一体どうやって出会っているんだろう、と。

中瀬 ネジレバネは、雌がフェロモンを出して雄がそれに誘引されるというタイプです。寄生先から出ないまま雄を呼ばなければいけないので、遠方まで届く化学物質に頼るしかないんですよね。ちなみに、ネジレバネは針状の交尾器を雌に刺しますから、どうしても雌が痛手を受けてしまう。だから、1回交尾すると雌はすぐにフェロモンを出さなくなります。それ以上、雄が寄ってくることもないというわけです。

養老　へえ。雄、雌ともに1回きり、ということか。

中瀬　基本的にはそうですね。

丸山　ネジレバネの雄の触角、すごいよね。扇子みたいな形をしていて、ものすごい数の感覚器がある。ああいう形だから、ごくわずかなフェロモンでも嗅ぎ取れるんだろうね。

中瀬　ええ、交尾できるかどうかはすべて触角の性能にかかっていますから。われわれ研究者にとってもまだ交尾をしていない雌を見つけるのは至難の業《わざ》で、屋外で普通に探すと交尾済みの個体しか捕れません。つまり、少なくとも人間が見つけるネジレバネはみんな交尾に成功しているわけです。おそらく、受信器としての触角は精度が高く、フェロモンも相当に誘引力が強いのでしょう。

ネジレバネの雄は前翅が小さくなっており（擬平均棍）、立派な触角を持つ。　©中瀬

丸山　ネジレバネのようなフェロモンを

使わないとしたら、あとはひたすらウロウロしながら、偶然出会うのを待つばかりです。狭い範囲で生きている虫や、決まった植物が存在する環境で暮らす虫であれば、雄と雌が出会うのもそこまで難しくはないでしょう。でも、オサムシなんかはフェロモンも出さないし決まった植物にいるわけでもないから、手当たり次第に歩いてたまたまの出会いに期待するしかありません。人間からすると「あんなに小さいオサムシ同士が、そんなに都合よく出会えるの？」と思うかもしれませんが、意外と虫ってたくさんいるんですよ。一見、昼も夜も虫がいないように見えるところにピットフォール・トラップ（コップを地面すれすれに埋めて虫を捕らえる罠の一種）を仕掛けておくと、オサムシがどっさり捕れる。人間の見ている世界とはだいぶ違って意外と個体密度が高く、出会いにはそこまで苦労していないのではないかと思います。

中瀬　人が見ているといっても、せいぜい2〜3時間ですしね。一方で昆虫は遺伝子を残すため、ひいては交尾するために生きているので、相手を見つけるために一日中歩いているのでしょう。寝るとき以外は相当エネルギーを使って動いていると考えてもいいと思います。じゃあ、フェロモンを出したほうが効率よく伴侶を見つけられるかというと、そうでもないんですよね。フェロモンは化学物質ですから、体内でつくるのにも多くのエネルギーを必要とします。それに、ある程度多量のフェロモンを出さないと、いくら感度が高くても相手に届きませんから。

人には見えない「道」がある

養老 僕は、フェロモンを届かせるために、空気の動きを上手に使っているんじゃないかと思っていて。だって、アタリもつけずに三次元空間全体に化学物質を撒き散らすなんて非効率的すぎるじゃない。感じるほうだって濃度が濃いほうに近づいていかないといけないのに、一体どっちが発信源かわからなくなってしまうでしょ。

中瀬 そうですね。

養老 そう考えたときに、ひとつ、フェロモンが筋状になっていると考えると腑に落ちるんだよね。のろしの煙をたどれば火元にいる仲間のところにたどり着けるように、一本の線に従って近づいていけばいいわけだから。やっぱり、ひたすら効率を求めて進化してきた昆虫が三次元に拡散した分子を濃度勾配に従ってたどっていく……というのは合点がいかない。

丸山 ええ、おそらくなんらかの形で環境を味方にしているとは思います。

養老 そうじゃないと、風が吹いたらパーになっちゃう。きっと日当たり、風向き、温度などの条件が揃うごく一部の場所に、フェロモンを出す昆虫が集まっているんだろうね。特にチョウなんかは、「場」を考えている気がするよ。ものすごく限定されたところで行動するし、山のてっぺんで待っていると、風に乗ってしょっちゅうチョウが上ってくるんですね。どうしてかな、と思ったけれど、やはり特定の場所でフェロモンを出さないと、広大すぎるフィールドでは異性に届かない恐れがあるんじゃないかと。

中瀬　いわゆる「出会いの場」のようなものがあるかもしれませんね。

養老　そうそう。特にアゲハチョウの仲間に見られる、「蝶道」ってあるでしょう。何の目印もないのに、どのチョウもだいたい同じルートを通るってやつ。前、知り合いのカミキリ屋と山梨にスネケブカヒロコバネカミキリを捕りに行ったとき、広い山の中にほんの一カ所だけ集中してこのカミキリが捕れる場所があったの。満開のアカメガシワとスギの木の間で、5分に1匹くらいポン、と現れる。カミキリ屋は「花に来るんじゃないか」と言っていたけれど、きっとそうじゃない。アカメガシワやモモが咲いている間をすり抜けて、ある一カ所をめがけて飛んでくるんだからね。このような、虫にしかわからない、特定の条件に合う環境が森のなかに何カ所かあるはずです。

丸山　最近、「衝突板トラップ」という仕掛けを使っているのですが、「道」や「場」があるというのは同感ですね。というのも、この罠は地面に透明の板を立て、それにぶつかった虫が保存液に落ちてくる仕掛けなのですが、森の中に何カ所か仕掛けてみると、捕れる量にかなりムラがあるんです。ものすごく捕れるところと、まったく捕れないところがある。捕れるところは、虫にとっての目ぬき通りなのでしょう。きっとそこに出会いがあるのかな、と。

養老　やっぱりね、連れ合い探しには苦労しているんですよ、虫だって。誰でもいいってわけでもないんだから。

ゴキブリはしっかり子育てする

丸山　無事に連れ合いを見つけて交尾をしたら、いよいよ子育てです。といっても、ほとんどの昆虫は卵を産んだらあとは放置。「下手な鉄砲数打ちゃ当たる」と言わんばかりに、産む卵の数で勝負するわけです。一方で、卵で産んで、守ってふ化させて、幼虫になってからもしっかり育てている昆虫を見ると、つい人間に重ねてしまいます。

中瀬　ネジレバネはまさに下手な鉄砲タイプですね。まあ、体内でふ化させて幼虫をばら撒くあたり、まだ「育てている」と言えるかもしれませんが。

養老　最近はペットゴキブリも人気が出てきているけれど、あれも子育てをしっかりするんだよな。

丸山　あ、ヨロイモグラゴキブリですね！　私も飼っています。10センチ弱まで成長する、カブトムシより大きいゴキブリです。

中瀬　聞いた話によると、10年くらい生きる個体もいるとか。

養老　あれね、ゴキブリとは思えない、ゆっくりとした歩き方をするんだよね。オオグソクムシみたいな。

ヨロイモグラゴキブリ　©島田拓

丸山　ええ。ヨロイモグラゴキブリは地中にトンネルをつくって夫婦で生活するゴキブリです。そして、子供を産んだら、自分たちでエサをあげて育てる。地上から落ち葉を引きずってきて、巣穴で一緒に食べるんです。

養老　こういう森に棲むゴキブリは、「集団」というより「家族」という感じが強いな。しかも、夫婦二人に子供たちなんて、まさに現代の核家族と近いかもしれない。それで、子供が外に飛んでいって独立したら、また次の子供を産み育て始めるんだよな。

丸山　あと、最近の研究では、シロアリはゴキブリの進化形だということもわかってきました。家の壁をサワサワ這うゴキブリではなく、森の中にいるほうのゴキブリですけどね。

養老　ゴキブリと言うとみんなすぐ拒否反応を示すけれど、ゴキブリの9割9分は森の中に棲んでいるでしょう。有名なところだと、オオゴキブリとかね。

丸山　オオゴキブリなんかは、朽木や枯れた木の中に居を構え、親子でつましく暮らします。小規模でも、これも立派な集団生活です。こういうゴキブリは、人間と一緒で繁殖力も低いんです。しかも、幼虫の成長に何年もかかったり、エサを砕いて幼虫にあげたりと、1匹1匹丁寧に育てるため何かと手もかかります。そして、この集団で暮らすゴキブリが進化したのが、集団で巣をつくるシロアリです。つまり、家族の形態をより強く大きく組織化した存在がシロアリなんですね。シロアリは明確な役割分担や序列をつくったり、子供同士でも助け合うようになったりと、進化の過程でどんどん社会性を強めていきました。

カメムシの健気な子育て

中瀬　先ほど、「真社会性」となると子供を産むものと働くものが完全に分かれている、つまり生殖に分業があるのが定義だ、という話がありました。シロアリなんて、まさに真社会性の昆虫と言えるでしょう。

養老　いわば、専業主婦と旦那みたいなもんかな。

丸山　いやいや、女王は卵を産み続けるだけで労働はしませんから、主婦ではないですよ。

養老　ハハハ、そうだな。オオゴキブリなんてさ、個体のあり方が哺乳類的だよね。1匹いたら100匹いると思え、のチャバネゴキブリやクロゴキブリとは全然違うでしょう。オーストラリアには、マルゴキブリの一種にお乳を飲ませるものもいるんですよ。あの厳しい環境で自然に任せていたら生き残ることは難しいからね。少なく産んで大事に子供を育てるほうが、生物として有利なんでしょう。下手な鉄砲が全部外れちゃう可能性が高いから。

丸山　そうですね。

養老　それに、子育てをする昆虫が多いのもオーストラリアです。たとえばそのひとつとしてカメムシがいるんだけど、産んだ卵に覆いかぶさったりそばにいたりしてずっと離れない。なんか、すごく健気に見守っていて。そのときのカメムシ、可愛いんだよなあ。

丸山　卵がふ化してからも、草の実や植物の種を運んできて幼虫にあげたりしますよね。

中瀬　エサキモンキツノカメムシは、葉の裏に卵を産みつけて、一度脱皮して二齢幼虫になるまで親が見守ります。で、私がビーティングやスイーピングをしていると、ときどきそういう葉っぱを落としてしまうことがあって。落としたところがアスファルトだと、どんどん熱くなってしまいますよね。そうすると、カメムシの親は翅をバサバサ羽ばたかせたりしてなんとか卵の温度を下げようとするんです。

丸山　うわー、それは不憫だ。

中瀬　そうなんです。でも、そんな微風じゃ焼け石に水で、すぐに葉っぱがあったまってクルクル丸まってくる。そこまで見届けて、ようやく諦めて去っていく。あの寂しそうな背中を見ると、なんとも申し訳ないことをしてしまった、という気持ちになります。

養老　ハハハ、涼しいところに持っていってあげなよ。

中瀬　いやー、まったくおっしゃるとおりですね。あとから気づいたことも何度かありまして……。

丸山　私が好きなシデムシは、エサであるほかの生物の死体を丸めた肉団子を地下につくります。幼虫が生まれたら、それを口移しであげる。わざわざ地下に部屋をつくるのは、腐肉が昆虫たちにとってごちそうで、ただ置いておくだけではほかの虫に取られてしまうからですね。

中瀬　そういえば、子供の世話をする昆虫と考えたとき、ハエの仲間にはいませんね。

丸山　ああ、たしかに。ハエは生みっぱなしだね。

養老　やっぱり子育てをするのは社会性の昆虫しかいない。見張るだけだったり、当座のエサを用意したりするくらいだったらフンチュウもやっているけれど。

丸山　ええ。

子を想って資産形成

養老　オーストラリアでは、フンチュウがカンガルーの糞を使って小さくて可愛い玉をつくっていてね。あれはおそらく、中に卵か子供が入っているんでしょう。石をひっくり返すと、マンマルコガネくらいのサイズの糞の玉とフンチュウが、ちょこんと並んでいる。それが、「あ、捕ったらかわいそうだな」と思わされる佇まいなんだよ。

丸山　昆虫には未来予測はできませんから、対処できるのは「今目の前で起こっていること」だけです。ただ、わが子に関しては、ほかの昆虫を狩ってそれに卵を産みつけることで未来の食料にしてあげることがありますね。たとえば、ドロバチやジガバチといったカリバチの仲間。カリバチは狩りをしたら、獲物を殺さず、麻酔をかけて保存します。昆虫は死ぬとすぐに腐ってしまうので、麻酔をすることで動きをすべて止めてしまうんです。仮死状態にして、栄養分を保ったまま巣に持ち帰る。そして、その獲物に卵を産みつけるわけですね。幼虫はふ化したら、殺さないようにちょっとずつ食い進む。で、最後に、とどめをさすように一気食いです。

オトシブミの一種　©中瀬

虫コブ（モンゼンイスアブラムシ）

中瀬　途中まで、まさに生殺しですよね。人間から見ると、残酷かもしれません。

丸山　この一気食いのところで幼虫がみるみる大きくなるのが、なんとも言えません。また、オトシブミというゾウムシの仲間は葉っぱをきれいに丸め、その中に卵を産みます。そうすることで、葉っぱの中でふ化した幼虫はその発酵した葉っぱを食べて成長できるんです。産む前にエサ場をつくってあげるのも、ひとつの遺産と言えるでしょう。

養老　植物につくる虫コブ（虫癭《ちゅうえい》）もあるでしょう。タマバエ、タマバチやアブラムシなんかが寄生してできるコブね。植物内部に卵を産みつけて、植物を変形・加工させてコブをつくり、幼虫、蛹《さなぎ》とそれを食べながら成長していく。

丸山　はい。虫コブは組織の異常発達によってできるものですが、親が卵を産むときに植物に特殊な化学物質の注射をすることもあるし、ふ化した幼虫本人がつくり出すこともあります。

養老　そうそう、地下に生息するチビゴミムシを、カタコンベ（地下の墓所）を使って飼育したフランスの研究者がいて。彼の研究によると、その地下に生息するゴミムシは普通の昆虫に比べて大きい卵を1個だけ、ぽこんと産むんだって。どうしてだと思う?

中瀬　ギリギリまで成長させるため、ですね。

養老　そのとおり。卵から生まれたらエサを捕らずに短期間で蛹になり、そして成虫になるためなのね。地下という環境はそもそもエサが捕りづらく、栄養が乏しい場所でしょう。だから、ただ卵からかえっても、自分でエサが捕れなければ死に絶えていく。いくらたくさん卵を産んでも、このような環境では成虫になる確率がとても低いわけ。だったら最初から卵の数を絞って栄養を集中させ、なるべく早く成虫にすればいい、ということです。

丸山　地下は、天敵に襲われる可能性が少ないので非常に安心・安全な場所ですが、いかんせん栄養のあるエサが少ないんですよね。せいぜい、細菌や微生物、ダニやトビムシのように微小な動物を食べるしかありませんから。それにしても、地下で一生を終える昆虫を研究するには、カタコンベは絶好の環境ですね。

養老　うん、面白いでしょ。

中瀬　いろいろと子育てをする昆虫を見てきましたが、昆虫全体としては、育てず見守らず産みっぱなしが基本です。産んだら「あとはそれぞれ自力で生き延びてくれ」と放り出す。人間と真逆の育て方ですね。

丸山　原始的な昆虫は、だいたい産みっぱなしです。というのも、人間を見ていてもお母さんは大変だなと思いますが、子供を育てることは非常に高度な行為なんですね。さっきも脳のサイズの話がありましたが、同じ巣に棲んでいるアリでも単純な防御行動しかしない兵隊アリの脳は小さいままで、子育てをしている働きアリは脳が発達しています。アリを見ていると、家族をつくる、子供を育てるというのは非常に脳を使う複雑な行動なんだと感じますよ。

実は難易度が超高い「アリの巣キット」

養老　ところで、最近気になっていたことがあるんだけど。海外のシロアリの巣、いわゆるアリ塚ってものすごく巨大じゃない。あの大きな巣を、一体どれくらいの時間をかけてつくっているの？

丸山　結構早いですよ。ずっと追って見ていたことがあるのですが、こんもりとした立派な塚でも数十センチのものであれば1年くらいで、そこからどんどん大きくしていきます。

養老　へえ、たった1年であんなに大きいのがつくれるんだ。あの巣の中に何百万匹というシロアリがいるわけでしょう。

丸山　はい。そのなかでトップに君臨するシロアリの女王は、昆虫のなかでもいちばんの長寿と言っていい存在です。長生きする個体は20年、30年と生きるそうですし、生きている間は1日に何百個、何千個という卵を産み続けます。横に雄が付き添い、たまに交尾して精子をもらったりして、とにかく何十年も、生殖のみに精を出すんです。なぜそんなにひたすら卵を産み続けるかというと、とにかく子供たちを増やし、巣を大きくするため。仲間の数が増えれば増えるほど、巣の環境は安定しますから。

養老　その巣があるかぎり、女王はずっと女王なんでしょ。

丸山　はい。女王が死ぬということは、その巣が終わるということです。ヤマトシロアリのように種によっては副女王が一時的に即位する場合もありますが、そうした種は多くはなさそうですね。すべての生き物は自分の遺伝子を残すことを存在意義としていますが、シロアリもそれは同じです。巣＝自分の遺伝子の存続と繁栄はもちろん、その巣が終わったとき、違うところで新たに巣をつくる女王候補と雄を生み出すことを目的に、ひたすら卵を産み続ける。巣が大きくなればなるほど、たくさんの候補たちを生み出すことができますから。

養老　へえ。いやね、海外、特にオーストラリアに行くと、ボコボコとアリ塚が乱立しているのをよく目にしていたから。ちょっと気になっていたんです。

丸山　日本にはないですからね。目立つ塚のようなシロアリの巣が見られるのは、雨季と乾季がはっきりしたところに限られます。

養老　アフリカでは、乾いた動物の糞をひっくり返すとシロアリがくっついているでしょう。あれ、セルロースを食べているんだけどね。立派な塚をゼロから1年でつくり上げるシロアリもいれば、そんなふうにして、適当に糞の裏にくっついているだけの怠惰なシロアリもいる。いやはや昆虫はなんでもいるな、と思わされるね。

丸山　「アリの巣」というとアリの巣生成キットのようにいろいろな部屋があるものを想像される方が多いと思いますが、種によってつくる形はまったく違いますものね。きれいな部屋をつくるものや雑然とあちこちに部屋をつくるもの、移動性の高い原始的なアリは部屋さえつくらずに直線のトンネルしかつくりません。

中瀬　どうしてアリの巣はこんなに魅力的なんでしょうね。強烈な記憶として残っているのが、学研の「1年の科学」の付録で、アリの巣観察キットがあったことです。丸山さんのとき、なかったですか？

丸山　あー、懐かしい。あった、あった。でも、アリの巣って結局、女王を外から連れてこないと巣としては完成しないし続かないから、子供には酷なキットなんですよね。

養老　そこらへんで働きアリを数匹つかまえてきて入れて、巣の真似事をやって終わりになってしまう。

丸山　そうなんです。アリは外に出て空中で交尾するという生態なので、飼育下で交尾させて仲間を増やすという完全培養はとても難しい。アリのコロニー自体を増やすのは、ごく一部の特殊な生態のアリを除いて、いまだに技術的にほとんど成功していないんです。もちろん働きアリも土を掘るから巣「らしきもの」はできますが、女王がいない時点で生殖機能を持たない巣。不完全なものしかできません。

中瀬　最近はインターネットで、キットの販売と一緒にちゃんと女王アリも売っていますよね。「アントルーム」が有名です。

丸山　ちなみに、「アントルーム」を運営されている島田拓さんは、私がアリの採集がいちばんうまいと思っている方です。島田さんは新種を見つける確率が高いんですよ。しかも写真も上手で、どんなに小さい虫でもシャッター一回で決めてしまう。

養老　へえ、そりゃすごいな。

抗菌剤で部屋をきれいに

養老　やっぱりさ、アリの巣は形が魅力的なんだよね。あれだけ身近な昆虫がこんな小さい穴から出入りしているのを見ていたら、「中はどうなっているんだろう？」って不思議になって当然だと思う。しかも、実際に中を見ることができたときには大興奮でしょ。部屋がいくつもあって、まるで人間の家づくりそのものだから。

丸山　幼虫専用の部屋とか、ゴミ捨て専用の部屋とか、エサ置き場とか、知れば知るほど人間っぽい生活に見えます。

養老　まあ、人間があとから真似をしたんだろうけどね。

丸山　ハハハ、そうですね。でも、ゴミ捨て専用の部屋なんて、人間より几帳面かもしれませんよ。アリは、自分の巣を清潔に保とうとする性質がありますし、きれい好きを通り越して体から抗菌剤を出す輩もいます。

中瀬　土の中は雑菌の巣窟ですから、そうしないと菌に冒されてしまうんですね。きっと、昆虫は私たちが思っている以上に病気で死んでいることでしょう。

丸山　だから、原始的なアリで抗菌剤を出す仕組みが体に備わっていないヤツらは、巣をしょっちゅう引っ越します。せっかくつくった巣を捨てて、またゼロからつくる。

汚くなってきたら、雑菌にやられる前にこの家とはおさらばしよう、と。人間で言うと、自宅購入派と賃貸派みたいなイメージでしょうか。

養老　菌が1種類であればある程度の耐性はできるだろうけど、新しい菌が出てきたらまた全滅になっちゃうしな。それより、逃げたほうがいいというわけか。

中瀬　抗菌剤を出すのも、人間界のウイルスとワクチンの追いかけっこと同じようなものですよね。だからこそ、彼らの巣は、清潔を保つためにありとあらゆる工夫がなされているようです。アリ以外で言うと、たとえばハナバチ。ハナバチは、集めてきた花粉と蜜を土の中で玉にして卵を産みつけ、ふ化した幼虫はその玉を食べながら育ちます。だけど、つくった玉をそこらへんに放置していては、どんな雑菌が繁殖するかわからない。

丸山　地中で湿気もあるから、カビも生えやすいでしょう。

中瀬　はい。そういう意味では、あまり衛生的な環境ではないんですよ。そこでハナバチは、巣の中にその玉を集めた部屋をつくり、菌で汚染されないよう閉じてしまうんですね。地中の環境は繊細で、巣を見つけた人間がいっぺんその部屋を開けると玉にはすぐカビが生えてしまいます。ところが、面白いことに、ハチがときどき玉の様子を確認するためにその部屋を開けてもカビないんです。おそらく、部屋づくりから開閉の扱いまでかなり丁寧に行っているのでしょう。

丸山　人間なんかよりもずっと精緻な家づくりをしているんでしょうね。

虫たちはいろんなものを食べている

丸山　住まいの話をしてきましたが、衣食住つながりで、「食」についてはどうでしょう。小さいころに家で昆虫を飼っていたことがある人にとって暗い思い出になっているのが、スズムシの共食いではないかと思います。

中瀬　ありますね。朝起きたら「あれ、減ってる……」って。

丸山　人間からすると仲間を食べるなんて信じられないかもしれないけど、アリにもそういう種はいます。仲間といっても、「アリ」とつくだけで種は違うんですけどね。マレー半島に分布するヒメサスライアリというやつですが、こいつはアリを専門に食べるんですよ。ほかのアリの巣を襲って、成虫・幼虫を問わず狩りをする。そもそも、普通のアリだって、ほかの昆虫をつかまえて食べる捕食者の立場です。さらにそのアリを食べるということは、ヒメサスライアリはある意味で「食物連鎖の頂点」。当然、数は少ない種ですね。もしヒメサスライアリの数が多かったら、その下にいる普通のアリたちが絶えてしまいます。

養老　アリがアリを食うのが残酷だって言う人たちもいるけれど、虫だって、いろんなものを食うんですよ。決して「人生でひとつの植物、1種類の動物しか食べない」というわけではない。人間だってサラダひとつとっても、数種の野菜を食べるでしょ。それなのに、昆虫がちょっと変わったものを食べると「変だ！」と言うのはかわいそうだよ。ゾウムシなんて場所や季節によって違うものを食べるんだけど、きっとゾウムシには旬のものがわかっているし、「この場所ではこれが美味い」ということがわかっていると思うんだよ。少なくとも、僕にはそう見えるね。人間なんかよりよっぽどグルメじゃないかな。

丸山　そうですね。特に日本人はおカイコさん（養蚕）のイメージが強いから、「1匹の虫が食べるのは1種類の葉だけ」という思い込みがあるのかもしれません。

中瀬　うーん、それにしても変わったものを食べる昆虫ばっかりで、どれから挙げていけばいいか迷っちゃいますね。

丸山　たしかに。よく研究者以外の人に驚かれる話で言うと、人間からすると栄養のないものを食べてもしっかり栄養に変えることができる、ということかな。たとえば、シロアリは木材の成分、セルロースからブドウ糖を摂取することができます。シロアリは住宅を食べることで害虫扱いされていますが、冷静になって考えると、乾燥した木材なんて見るからに栄養がないじゃないですか。僕たちが割り箸をいくら食べても、ちっとも栄養にはならず、ただ排出されてしまうだけでしょう。もし世の中に食べられるものが割り箸しかなくなったら、餓死するしかありません。でも、シロアリはそんな人間を横目に、割り箸からも栄養をつくり出すことができます。といっても、シロアリ本人が栄養に転化できるわけではなくて、お腹に飼っている微生物のおかげなんですけどね。

中瀬 入れ子状の共生関係ですね。シロアリは共生している微生物にエサをあげるように朽木をかじって飲み込み、それを食べた微生物が朽木をエサとして腹の中でエネルギーをつくる。同じように、限られた食物から消化によって栄養をつくり出すことは、ほかの生物もしています。たとえば、牛。牛は反芻《はんすう》動物として有名ですが、なぜ反芻しなければならないか。それは、草という消化に時間がかかるものを主食とするために、なるべく長く消化時間を確保する必要があるからです。ウサギやゴキブリなんて、自分の糞を食べたりするでしょう？　あれは、「食物をより長く体に留める」という目的で言うと、反芻と同じです。

丸山 ああ、そうだよね。

中瀬　けれど、いかんせん反芻は効率が悪い。昆虫が取り入れるにはリスクなんですね。

養老　だから、自分の体内で消化しようと頑張らずに、細菌と持ちつ持たれつの関係になって栄養に変えてもらうようになった。合理的だよ、昆虫は。

丸山　シロアリは木材と、あとちょっとしたミネラルがあれば生きていけると言われています。これは生き残るうえでかなり有利な条件と言えるでしょう。

養老　フンコロガシのようなフンチュウもそうだよね。糞を出してくれる動物さえいれば、生きていける。それにしても、フンチュウなんて嫌われがちだけど、牧場が動物の糞だらけにならないのはヤツらが分解してくれているからなんだよなあ。

丸山　糞って、栄養を体内に吸収したあとの絞りカスみたいに思われていますが、意外と栄養があるから昆虫たちには人気の食材ですよね。

変なものも食べるから生き残る

中瀬　ほかの昆虫とかぶらない、不人気な食材を選ぶという生き残り戦略もあります。その線でいえば、ミズカゲロウのアウトローな食生活がダントツではないでしょうか。

丸山　何を食べるんだっけ？

中瀬　水中の枝なんかにくっついている、淡水カイメンです。

丸山　ええっ？　あんなもの食べるの？

中瀬　はい。ああ見えて一応動物なのですが……。たくさんの水にちょっとの淡水カイメン、それと一緒にほかの魚を入れてみると、どうなると思います？　淡水カイメンがすぐに腐り出して、みんな死んでしまいます。そんな動物ですから、ミズカゲロウがこれらをどうやって食べているのかもさっぱりわかっていません。しかも、ミズカゲロウは淡水カイメンだけでなく、ほかのカイメンや外来のオオマリコケムシなんかも食べるんです。普通の生き物が見向きもしないようなものばかりでしょう。

丸山　オオマリコケムシって、あの、湖とか汚い池に浮いているブヨブヨしたやつだ。

中瀬　そうです。拾うと臭いしゼラチン質がぶよぶよで気持ち悪くて……。でも、そんなオオマリコケムシを、ミズカゲロウはがっつり食べている。

丸山　グルメだねえ。

中瀬　以前、ミズカゲロウを捕りに余呉湖という琵琶湖の北にある湖まで行ったのですが、本当に淡水カイメンから捕れてあらためて驚きました。このミズカゲロウ、食生活だけでなく幼虫の姿がまた面白くて。クサカゲロウが小さくなったような虫で、大アゴが細長く伸びている。たぶん、その大アゴを突き刺して吸ってエサを食べているのではないかと思うのですが、とにかく不思議な虫ですね。もしミズカゲロウを探したいときには、ぜひ淡水カイメンやオオマリコケムシをすくい取ってみてください。表面についている小さい虫がミズカゲロウで間違いないと思いますよ。

丸山　いやあ、それにしても奇妙なものばっかり……。

中瀬　でも、こういう嗜好によって「食べ物をほかの生物と争わなくていい」という生存のためのメリットを享受しているはずです。とはいえ、さすがにここまで臭いものじゃなくても、と思わなくもないですが。

海で生きるヤツらは面白い

丸山　グルメつながりで言えば、僕が食生活ですごいと思ったのはオーストラリアにいるヒトデトビケラという虫です。何がすごいって、海にいるイトマキヒトデに寄生すること。トビケラはイトマキヒトデの体腔に産卵しますが、そこでふ化して育った幼虫は宿主であるヒトデを食べて生活します。それで、しばらくしたら外に出て、潮間帯で紅藻を食べるようになる。でも、どうやってヒトデに卵を産みつけるのかということはよくわかっていないんです。

養老　あれ？　普通、昆虫は海には行かないでしょ？

丸山　そうですね。その理由はいろいろあるのですが、まず、古代には海で暮らしていたはずの昆虫といえども、今や塩分への耐性をなくしてしまったということがひとつの原因です。もうひとつが、波風。ああいう強い空気の動きに対応できない昆虫が多いということですね。そして、呼吸。

養老　呼吸。

丸山　ええ。水生昆虫であれば、波が静かなところや酸素が豊富なところなら水中でも呼吸ができます。けれど、いつも波があるようなところや干満の差が大きいところが苦手な昆虫は多いんです。環境が常に変わるという条件は、昆虫にとって過酷な条件ですから。さらに、強い日差しを遮るものがないという点でも、昆虫にはきつい。海という場所は、昆虫にとっての難点が多すぎます。

養老　なるほど、たしかにそうだなあ。

丸山　だからこそ、そこに適応すると面白いヤツが出てくるんですよ。ヒトデに寄生するトビケラもそうですし、フジツボに寄生するフジツボベッコウバエだって独特です。こいつの成虫はフジツボの殻の表面に卵を産んで、ふ化した幼虫は蓋の隙間から殻の中に入っていきます。それで、入ったら、ひたすら中身をむしゃむしゃ食べていくんです。お腹いっぱいになったら、次のフジツボに乗り移っていく。

中瀬　フジツボなんて人間だって珍味として美味しくいただくのに、本物のグルメですね。

養老　ということは、海に進出している昆虫は、さっき並べたような弱点はだいたい克服していると言っていいのかな。

ウミアメンボ

丸山　そうですね、だいたいは克服していると言えると思います。ただ、かなり特殊環境のもとで暮らしているので、「普通にどの海でも生息できる」とは言えませんが。

中瀬　あ、あと、海にはアメンボもいますね。

丸山　そうだ、ウミアメンボ。唯一沖まで進出している昆虫かな。

中瀬　外洋に普通にいますもんね。

丸山　ウミアメンボは海上で生きていけるよう、いろいろな進化を遂げてきました。紫外線を吸収する体表、大荒れのときでも海中で溺死しないよう空気をため込める体毛など、面白い構造をしています。ところが、一度陸に上がったらもうおしまいです。歩くこともままならず、すぐに死んでしまいます。

養老　ウミアメンボなら見たことあるな。波がかかるかかからないかくらいの岩礁にもたまにいるね。ところで、ウミアメンボは海の真ん中にいて、一体何を食べているの？

丸山　水面に落ちた虫の死体とか、とにかく浮いている動物の死骸はなんでも食べるみたいです。それで、プカプカ浮いている海鳥の尾羽や枝のような漂着物に卵を産む。広い海でそんなことできるのかって疑問に思われるでしょう？　でも、いかんせんこいつらは「量」が多い。海面を網で引くと、ものすごい量のウミアメンボが捕れるらしくて。

養老　それくらい量で勝負しないと、広大な海で生き残るなんてとてもできないんじゃないかな。

中瀬　海が荒れると、南西諸島の浜に打ち上がるんですよね。以前、与那国島に行っているときにちょうど大量に打ち上がっていて、浜を端から端まで歩いて、もう一回端から端まで歩いて、百何十個体かしつこく拾って回りました。

昆虫界でもバブルははじける

丸山　海に暮らしていなくても、海の上を移動している昆虫は結構多いですね。海洋島（誕生してから一度も大陸と接したことのない絶海の孤島）でも、ときどきゲンゴロウがいたりしますから。途中で海に落ちて泳ぎながら、なんとか移動しているみたいです。

中瀬　そうそう、絵本かなんかのイメージでよく勘違いされることですが、昆虫は水がからきしダメなわけではないんですよね。水の中で生活できなくとも一時的に入ったりはできます。

養老　もともと海から出てきた名残と言えるかな。今はもう、海の中は甲殻類が占領しちゃったし、こんなところに帰ってこなくてもいいやって感じでしょうけどね。あと、陸のほうがエサが多いのかな？

中瀬　必ずしもそういうわけではないんですけどね。でも、たしかに昆虫にとってエサの量は死活問題です。獲得の競争に負けてしまったり、そもそもエサ自体が見つからなければ虫も「失業」してしまいますから。飢えに対する耐性が強い虫ももちろんいますが、そうでない虫はエサから栄養を得られなければすぐに滅びてしまいます。

この「飢えに対する耐性が強いかどうか」は、どのくらいの頻度でそういう危機に直面するかどうかで変わるものですけれど。

養老 飢えへの耐性として昆虫にできることは、飢えてもしばらく生きていられるように体内に脂肪としてたくわえるか、エサがなくなったときのために巣などに備蓄しておくか、のどちらかだよね。

中瀬 あとは、エサがないときは代謝を下げてしまう、という方法もあります。休眠状態になって、環境が改善されるまで眠りについておく(夏眠や冬眠)。

丸山 クロナガアリは結構、貯蓄をしますね。早春と晩夏にせっせと植物の種を土の中にためておき、夏の間や冬の間はその種を食べる。普段みなさんが目にするようなそこらへんにいるアリですが、地下5メートルも巣を掘るんですよ。地下深い部屋はひんやりとしていて、種が発芽しないというわけです。

中瀬 まさに「アリとキリギリス」のイメージどおりのアリ。

丸山 そう。しかもこのクロナガアリ、ものすごい大食漢なんです。だから、昔の砂漠地帯では、飢饉のときにはクロナガアリの巣を掘り返して、ためていた種をいただいていたそうです。ほかにも、遺跡発掘のとき、そこにあったクロナガアリの巣を見た人が「これは昔の人が食料を備蓄していたんだろう」と間違えたという逸話もある

中瀬　面白いですね。

丸山　あと、さっき中瀬くんが「失業」と言ったけれど、「景気」という意味だったらやっぱり植物の豊凶は昆虫にとって死活問題です。たとえば、ドングリが多い年にはドングリに依存する昆虫が大量発生するとか、枯れ木に依存する昆虫は台風でバサバサ落ちた枝に群がり、その翌年に大量発生するとか。

養老　ところが、「豊作だ！」って騒いで喜んだって、長続きはしない。絶対にツケが回ってくるんだよな。

丸山　はい。仲間が増えすぎたためにエサが足りなくなったり、自分をエサとする天敵が大発生してしまったり、ですね。

中瀬　風が吹けば桶屋が儲かるイメージですよね。木が折れる、エサが増える、自分たちが増える、自分たちを食うやつが増える、と。それによって、波が来たり、引いたりする。ずっと好景気なんてことはないということです。

養老　うん。ひとときの波に浮かれちゃダメだってことだな。これも大きな教訓だよ。

第3章

あっぱれ！ 昆虫のサバイバル術

交尾だけに生きる数十分の命

丸山　日頃から昆虫と接していると、私たちが生きる意味について考えることも多いですよね。

中瀬　ええ。ネジレバネを見ていると、「生物の目的は生殖であり、自らの遺伝子を次世代につなぐことなんだな」ということをしみじみ感じます。生殖すること、繁栄していくことだけのために生きている。

丸山　「雌は全身に卵が詰まっている」と言っていたよね。

中瀬　はい。もう体全体が、卵の袋なんです。だから、何もできない。宿主からぽこっと頭を出すだけです。交尾したり、幼虫を撒き散らしたりといった、外と関係を持つためのパーツは全部頭にある育溝と呼ばれる穴で済ませている。いわば、引きこもりです。

養老　引きこもりかあ（笑）。

丸山　成虫になった雄の寿命は数時間なんだっけ？

中瀬　数十分から、長いやつで半日、長寿で1日です。その間、飛び回って雌を探すのが唯一の仕事で。そのほかには、何もしません。何かを捕食することも、アリのように巣をつくることも、交尾のときにプレゼントを渡すことも何も、です。

丸山　シンプルな生き方だなあ。

中瀬　雌は何の運動もしない分、成虫になっても数カ月から1年くらいは生きるんですけどね。それで、雄は雌を見つけたら、宿主から飛び出している雌の頭部に交尾器を差し込みます。雄の生殖器は返しがついた針のようになっていて、返しのところに精子を出すための穴が開いている構造です。それで、つるはしのようにガツっと叩いて引っかける。ときどき、交尾のあと、雌の体内に交尾器が残ってしまうことすらあるんですよ。

養老　まあ、数十分の寿命だったら1回で全部使い切らないといけないだろうし、使い捨てってことだね。そういう生き方を考えても、中瀬くんが言ったとおりネジレバネは生物の基本の部分だけで生きている。

中瀬　そうですね。まさに卵巣だけで生きている、という表現がぴったりで。まあ、それを言えばシロアリやアリの女王も一緒かなと思いますが。

丸山　いやいや、まだシロアリやアリは幼虫にエサをあげたり、仲間同士でやりとりしたり、ちょっとした触れ合いがあるじゃない。

中瀬　ハハハ、触れ合い。たしかにそうですね。

丸山　ネジレバネには目も足もないでしょ。ポコっと穴が開いているだけ。まさに生き物の究極の形だね。

昆虫の性は多様

中瀬　アリネジレバネは雄と雌で違う宿主に寄生しますが、その理由もまったくわかっていません。というのも、ネジレバネは長い間カマキリに寄生している雌しか採集できなかったため、雄が何に寄生しているのか、雌と雄で交尾しているのかすらわかっていませんでした。海外で見つかったアリネジレバネは、単為生殖ではないかと言われていたものすらいるんです。けれど、よく見ると雌に雄の交尾器らしきものが刺さっていることがわかって、「あ、ちゃんと交尾しているんだ」と明らかになった。そんなこんなで、研究によって雌雄の合致が確認されたのは、なんと2000年代に入ってからなんですよ。

丸山　「究極の生物」でありながら、ずっと仮説で放置されていた存在。

中瀬　そうなんです。だから、雌雄の合致が明らかなのはいまだ2種しかいないというわけです。

性染色体による性決定方式

性染色体構成		動物
雄ヘテロ型 雌ホモ型	XY型 雄：XY、雌：XX	ヒト ショウジョウバエ
	XO型 雄：XO、雌：XX （雄の性染色体なし）	一部のネズミ バッタ
雄ホモ型 雌ヘテロ型	ZW型 雄：ZZ、雌：ZW	トカゲ ニワトリ カイコ
	ZO型 雄：ZZ、雌：ZO （雌の性染色体なし）	トカゲ ミノムシ

養老　雌雄を決めるのは脊椎動物でも難問だからね。「何をもって男とするか、女とするか」という話で、哺乳類の場合は一応染色体で決めているでしょ？　けれども一方で、「染色体が雌のものが卵を産んでいる」のか、それとも「卵を産むものを雌と呼ぶ」のかという概念の話もある。

丸山　それこそ、卵が先か鶏が先かという話ですね。

養老　高校で習うと思うけれど、この雄と雌の染色体、哺乳類と爬虫類や鳥類とでは構造が違います。大ざっぱに言うと、哺乳類はＸＹ型、爬虫類や鳥類はＺＷ型ですね。その組み合わせで、性決定をしていくわけです。

丸山　しかも、昆虫の性決定の方式はひとつではありません。性染色体によって決められるもの、共生細菌によって性を決められるものなど、ここでもまた多様性を発揮します。ショウジョウバエはXY型。チョウ目はZW型でトンボ目はXO型と、「昆虫」という枠組みではくくれないんです。

養老　そうそう。ちなみに鳥類の場合、人間と違って雄と雌のあわい、つまり境界線が緩いのね。初期胚で与えられるホルモンの量によって、途中まで雄でも簡単に雌になる。その逆もまたしかりですが。

中瀬　鳥と同じように、魚もあっという間に性転換します。魚類は、子供を自分のお腹の中で育てることはしませんよね。それに、大量に産むから卵も小さい。つまり、雄と雌とでそこまで体の構造を変化させなくてもいいため、精子をつくるか、卵をつくるかのちょっとした切り替えだけで簡単に性別を変えられます。

丸山　やっぱり、エネルギー投資の如何によりますよね。

中瀬　はい。陸に上がってくると、乾燥に耐性を持たせなくてはいけないため、一般的には水の中にいるときよりどうしても卵が大きくなります。そうすると、昆虫や爬虫類では卵を通る道を体内に用意するという変化が必要になるし、哺乳類であれば、ある程度はお腹の中で子供を育てないといけない。となると、お腹の中の赤ちゃんに栄養を与える仕組みも必要になる。このような工夫が増えれば増えるほど、精子をつくるか卵をつくるかを簡単に切り替えることは難しくなります。それこそ、大きなエネルギー投資が必要になってしまいますから。昆虫はそういう無駄を切り捨てる意味で、最初からがっちり雌雄を決めてしまう方向に進化したのでしょう。

養老 染色体ひとつとっても昆虫がものすごく多様なのは、たぶん、絶滅しやすい存在だから。ここまで多様性があったら、どんなに天変地異があっても一種くらいは生き残れるでしょう。まあ、生物なんて99・9パーセントは絶滅しているわけで、地球の歴史全体で見ると絶滅するのが普通のことだからね。

中瀬 普段考えもしないことですが、本当にそうですよね。

養老 もしかしたら、昆虫の単為生殖みたいに、性決定のときに「全部雌になる」という遺伝子を持った哺乳類がいたかもしれない。けれど、それは環境の変化に対応しきれず、絶滅してしまったのでしょう。調べようがないけれど、そうだったかもしれない、という話。

丸山 おっしゃるとおりです。ヒト属だっていろいろいたけれど、みんな絶滅してしまいました。われわれホモ・サピエンスが生き残っているだけです。

戦略なんてない!?

丸山　遺伝子を残すという行動は、客観的に見ると、というか、人間の目線からは冷たいと感じる部分もあるでしょう。たとえば、アリは足を一本なくした仲間のアリを担いで運ぶという、一見心温まる行動を取ることがあります。足手まといだと見捨てないなんて優しいんだ、と人間は感動しがちです。ところが、あれは自分と近い遺伝子を持っている個体を保護しているだけ。結果的に自分の遺伝子を残すため、それだけの利己的な行動なんです。

中瀬　そうですね。しかも、明らかにすぐに死んでしまいそうな仲間は、あっさり見捨ててしまいますし。

丸山　鳥だって、かいがいしくひなを育てているのを見るといかにも愛情深く見えますよね。「優しいお母さんだなあ」と温かい気持ちになる。けれど、ひながふ化したばかりの時期に人間が巣箱を開けたり刺激したりすると、すぐに育児放棄してしまいます。自分の子供も巣も、あっさり捨ててしまう。これは、得体の知れない天敵が再びやって来るリスクを抱えながら子育てをするよりも、新しい場所に巣をつくり、もう一度卵を産んだほうが効率的だからです。

養老　まあ、冷たいと言ったって、何も昆虫が特別ではないよ。人間だってしょっちゅうやっているじゃない、嬰児《えいじ》殺し。なぜか日本は、20年前まで嬰児殺人の罪は軽かったんだよなあ。まあ、それはここで問題にすることではないんだけど。ただ、哺乳類のなかでも人間はものすごく複雑で、一人の成熟した「親」をつくるのにもものすごく手間がかかっている。こんなことを言うのは申し訳ないけれど、人間に比べると、ゴキブリなんかは全然コストがかかっていないよね。細胞の数が、僕たちと全然違うんだもん。人間もゴキブリも細胞の大きさは一緒だから、いかに細胞の数を減らして効率よく個体をつくっているのかがわかります。

丸山　ゴキブリと言うと、みんな何の抵抗もなくシューッとスプレーして何匹でも殺してしまう。一方で哺乳類の死には重みを感じる。これは、倫理の問題ではないですよね。あくまでコストの話で。

養老　一般的に、昆虫はコストがかかっていない個体を大量生産して数で勝負しているでしょう。「俺がダメでもお前たちが！」って。だって、彼ら昆虫にとって、絶滅はごく身近なものだから。何回も絶滅の危機を乗り越えながらも、「これなら大丈夫」といった強い個体が出来上がったわけではないしね。みんな危ういバランスのなかで、なんとか生き残っているだけで。

中瀬　どういう環境にも適応できるような強い戦略があって、その戦略を持っているものが生き残る。もしこの考えが正しいのであれば、養老先生のおっしゃるような強い個体も生まれていたかもしれませんし、今生存しているすべての生物がその戦略を基本性能として持っているはずです。でも、実際にまだ絶滅していない生物を見渡しても、共通した戦略なんてない。強いて言えば、有性生殖をしたほうが残りやすいのでは？　くらいのレベルですから。

丸山　うん、共通項なんてないんだよね。「偶然生き残ったものが生き残った」と言えるでしょう。

大量発生は環境破壊の証拠

中瀬　面白いのは、昆虫って「100点の環境じゃないとすぐに滅びてしまう」わけではない、ということです。むしろ、ちょっと環境が崩れているほうが、数が増えて元気に飛び回っている気がします。それまでの環境とはちょっと変わったとき、目につかなかった昆虫が目立つようになったり。

丸山　ああ、経験上、それはたしかにありますね。東南アジアの国立公園でも、周りにヤシ園をつくるために木を伐採したり整地したりすると、つまり環境がダメになりかけてくると、かえって虫が増えることがあります。おそらく原生的な環境では、多様な種の虫がちょっとずつ、程よく少ない密度で存在しているんじゃないでしょうか。

養老　その絶妙なバランスがちょっとでも崩れると、特定の虫がバーっと増えていく。

丸山　はい。発展途上の東南アジアの国々に行くと、あちらこちらで土地開発が進んでいます。だから、その「特定の虫」がたくさんいるわけです。

養老　うん。あくまでフィールドでの感覚だけど、その直感は間違っていないと思うよ。

丸山　印象的なのは、マレーシアのキャメロンハイランド。今でこそ高原リゾートとして名高く、開発がひと段落して環境が安定したため虫の数もだいぶ減りましたが、開発途上のころは面白い虫がたくさん捕れました。ただ、実は僕、異常に虫がいるところは、やっぱり怖いんです。「あ、環境が変わっているタイミングなんだな」と。

養老　ああ、そうだ。僕が最後にキャメロンハイランドを訪れたのは2014年だけど、1999年に初めて行ったときと比べても環境も虫もだいぶ変わっていたよ。たった15年なのに、どんどん新しい道ができて、奥地に入れるようになっていてさ。そうそう、初訪問の印象があまりにもよかったから次の年にも行ったんだけど、そのときもすでにひとつの小さな谷がなくなっていたんだよね。整地されて、工場が建っちゃったの。いいところだったから残念だなあと思っていたんだけど、また10年後に行ってみたら、今度はその工場が操業中止になっていた。草だってまたぼさぼさに生えているし、何をやっているんだ、と呆れちゃったよ。

丸山　それはひどいですね。

サビキコリ

養老　崩れた環境といえば、エジプトも良い例でしょう。毎年起こるナイル川の氾濫のあと、水が引いたタイミングで小麦をつくり始めていたでしょう？　氾濫が肥沃な泥を運んできてくれるから。だから、「エジプトはナイルの賜《たまもの》」とまで言われるようになった。つまり、現代の環境を見ても、ナイル川の氾濫と同じような「普通じゃない状況」に適応した虫だけが猛烈な勢いで数を増やしていっているんだよね。それが実は、今僕たちが都会で普通に見ている虫なんです。そういう虫を「荒れ地種」と呼ぶ人もいて、甲虫でいえばコメツキムシ科のサビキコリとか、世界一分布が広いヒメアカタテハとかがそれにあたるかな。

中瀬　なるほど。本来、自然が豊かな地域にはちょっとしかいないようなやつですね。でも、どうして環境の変化の途上で虫の数が変わるんでしょうね？

養老　生態系は、僕たちが想像するよりずっと絶妙なバランスで組まれているということじゃないのかな？　でも、何も、生態系を崩すのは人間のせいだけじゃないよ。台風が来たり洪水が起こったり、そんなことでも崩れてしまうのが生態系だから。ただ、問題なのは、そういう自然災害と違って人間は広範囲で、しかも徹底的に乱してしまうということなんだよ。

世代交代が早いから新種が生まれる

丸山　平たく言えば、生物多様性はすべて隙間産業です。「真の何でも屋」がいないのが生物と言ってもいいくらいで。

中瀬　隙間産業？

丸山　そう。ほとんどの生物が特定の限られた場所にいますし、限られた環境のなかでしか生きられない、限定した生態を持っています。日本に住む私たちが「どこにでもいる」と思うクロオオアリだって、草地にはいても、森の奥深くにはいないわけです。自分が適応できる環境の範囲で、ほかの生物がまだ進出していない場所を先に開拓するしか生き残る方法はない。それは、運の要素も大きいですけどね。

中瀬　なるほど、そういうことですね。

丸山　あらゆる生物は、子孫繁栄やそれにともなう分布の拡散を考えているはずです。けれど、先ほど養老先生がおっしゃったように、99・9パーセントの生物が環境の変化についていけずに姿を消していきました。その繰り返しが起こるなかで、現在残っている生物だけが「たまたま」生き延びただけです。

養老　歳を重ねると、ますますそう思うようになるよ。「自分の人生、必然だった」なんてとても思えない。生き続けるというのは、偶然が重なるということだね。

中瀬　昆虫で言えば、天敵との力関係しかり、エサにありつく力しかり、環境もしかり。

養老　そうそう。僕はそういう、虫がくぐり抜けてきた「運」みたいな要素を考えるのが好きなんですよ。生き残っている虫は、だいたい運がいいヤツらなの。恐竜が絶滅するような大変換期に、虫は生き延びてきたんだから。恐竜が今の生き物の顔ぶれを見たら、「まさかこいつらが残るなんて」と思うような虫揃いかもしれない。

丸山　ハハハ、そうですね。

養老　あのさ、災害のとき、がれきの下から数十時間ぶりに救出されたり、沖合何キロかで救出されたりする方がいらっしゃるでしょう？　もちろん当人にしたらいろいろな苦難はあったと思うけど、彼らは「運が良い」と言えるよね。長い時間軸で見てみると、ああいう形で助かって今につながっている昆虫って絶対いるはずなんですよ。

丸山　もちろん、それぞれの種が環境に適応するため、楽をするため、命を守るためにあらゆる進化を遂げてきたという前提も忘れてはいけません。進化を経て明らかな独立種になるには、短いものでも数千年かかります。それだけ時間をかけて、ようやく「新しい形」が生まれるんですね。一方で、何百万年もその姿を変えていない虫もいますが、それはただ変わる必要がなかっただけです。

中瀬　ここで読者からは、「昆虫はなぜここまであらゆる進化を遂げられたのか？」という疑問が出てくるでしょうね。人間の進化なんて昆虫に比べたら些細なもんじゃないか、と。

丸山　そうですね。その大きな要因は、世代交代が早いということです。

養老　そう、そのとおり。虫は寿命が短いから、世代がどんどん回っていく。5年あれば、玄孫《やしゃご》くらいできるでしょう。どんどん交配を重ねるから、必然的に遺伝子の進化も早くなるわけ。

丸山　大型哺乳類は子供を産めるようになるまで早くても数年、人間にいたっては十何年かかります。ところが、昆虫は熱帯に棲むやつだったらたった数カ月、日本の昆虫でも1年経てばほとんどの昆虫が子供を産めるようになる。ショウジョウバエなんて1週間以内、せいぜい4〜5日程度でサイクルが回っていますね。これだけ世代交代が早いと、突然変異が生まれる確率がものすごく高まるんです。つまり、新種も生まれやすくなります。

養老　一方で、北極や北欧、シベリアに行くと虫のサイクルがゆっくりになる。

丸山　はい。北のほうでは一世代に5〜10年かかる虫の種類が多いですね。ホッキョクドクガのように、成虫になるまで15年もかかる、人間のような成長速度で生きるガもいます。そういう虫は世代交代にも時間がかかるから、地域的な変化も乏しいです。

中瀬　あと、産む卵の数も関係がありますね。たくさん産んだら、そのなかで優劣が出てくる。その優れた個体が大量に子供を産んだら、一気に優れた個体が広がる。いくら優れた子供が生まれても、数が産めないと広がる速度も遅いですから。

丸山　そういう仕組みを考えると、私たち人間は進化も遅いし突然変異も起こりにくい、ということがよくわかるよね。

アリの世界は格差社会

丸山　生き残るために戦うべき相手は環境ばかりではありません。縄張りを守るため、エサを守るため、または狩りをするためにも周りの敵と戦わないといけないことが多々あります。昆虫の戦法は多種多様で、さながら戦国武将のようです。

養老　戦うということは、それだけエネルギーをかける甲斐があるときなんだよね。

中瀬　たしかにそうですね。勝ってもたいした利益にならないときは、逃げたほうが得策ですから。

養老　それでも、何かと戦う昆虫もいる。もう、戦う昆虫といえばアリでしょう。サムライアリ。

丸山　はい。戦うだけでなく、ほかの種のアリに働かせる「奴隷制」を敷いていますからね。なぜそうするようになったのか、いちばん有力な説があります。あるとき、同種のアリ同士で縄張り争いやエサの奪い合いが起こり、それが繰り返されるなかでだんだんと本格的に戦うようになってきた。小競り合いから殺し合いに発展してきた暴力団の抗争みたいなものです。アリは、たとえ同じ種であろうと巣が違えば「みんな敵」ですから、顔を合わせればケンカになってしまうんですね。では、「本格的な

サムライアリ

争い」とはどういうものか？　強奪です。ただぶつかり合うだけでなく、強いほうが、弱いほうのエサや幼虫、蛹を奪い始めたんです。そして、さらに進化を重ねていくと、強いアリが弱いアリにさらにひどい仕打ちをするように。なんと、強奪した弱いアリの幼虫や蛹を、同じく拉致してきた弱いアリの成虫に育てさせ、奴隷として使役するようになったのです。

養老　格差社会みたいなものだよな。もともとは対等な立場だったのに、強者と弱者でどんどん差が開いていく。

中瀬　そうですね。一度転落するとなかなか這い上がれないところも、格差社会と似ているかもしれません。

丸山　では、具体的にアリはどのように奴隷制を敷いているのか？　これは、いろいろな様式があります。養老先生のおっしゃったサムライアリは日本でもよく見る種ですが、サムライアリの女王は、成虫になったらまず巣の外に出て交尾をします。普通のアリであればそこで一から巣をつくるのですが、サムライアリの女王はそうしません。単身、果敢にも、クロヤマアリの巣に入り込んでいきます。そして、当然クロヤマアリたちの抵抗に遭いながらも孤軍奮闘し、女王を鋭いアゴで殺し、自分が女王に成り代わってしまうんです。

養老　女王を殺されると、なぜかクロヤマアリはサムライアリの女王を「自分の女王」と思うようになるんだよな。

丸山　そうなんです。不思議なほど、まったく抵抗しなくなります。それで、巣を乗っ取った新女王は、自分の卵をその巣にいるクロヤマアリの働きアリたちに育てさせます。やがて、もともと巣にいた働きアリは寿命で死んでいき、だんだん巣の中からクロヤマアリはいなくなっていく。ここまでが、いわば第一段階。

養老　クロヤマアリの卵を産む女王はとっくに殺されているからね。どんどん、サムライアリの割合が増えていく。

丸山　そうです。そして、サムライアリの割合が一定の水準に達すると、ついに強奪作戦の決行です。暑い夏の午後、サムライアリは大行列を組んで新たなクロヤマアリの巣に入っていきます。もちろん、突然現れた大群にクロヤマアリも抵抗して戦いますが、攻撃力ではサムライアリの圧勝。サムライアリは、その名のとおり武装集団です。口は鎌のような形をしていて、戦うために生まれてきたようなヤツらですから。悠々と蛹を奪って自分の巣に持ち帰り、孵《かえ》るのを待つわけですが、サムライアリの巣の中で孵ったクロヤマアリは「自分はサムライアリの一味だ」と思い込んでしまうんですね。生まれたばかりのときには、種の匂いというのもなくて。だから、子育てからエサの調達まで、せっせと「自分の巣」のために働こうとするわけです。

養老 自分の母親を殺されたとも知らずに。もう、さながらノルマン王朝のヴァイキングだよな。

中瀬 資源を奪って、結果的に国を乗っ取るというやり口はそっくりですね。奴隷を使うのも集団で一気呵成に攻め込む戦法も、戦争さながらですし。でも、あの強奪作戦、なぜ暑いときに限定しているんでしょうね。

丸山 不思議だよね。

経済制裁や諜報戦も

養老　サムライアリは、戦い方としてはかなり物騒なほうだよな。

丸山　ええ。もう少し高度な進化を遂げた仲間同士の争いだと、あまり直接的なケンカはしないようになるんです。お互いに怪我をしてしまったり、死んでしまったりするのは得策ではありませんから。だから、できるだけ直接攻撃を食らわないよう、最初は威嚇だけする種もいます。威嚇音を出すハシリハリアリやオオアリの仲間が代表格で、人間で言えば「ミサイル発射するぞ」「そんなこと言うなら経済制裁するぞ」と牽制し合うような感じです。お互いに戦いたくないから、威嚇しながらも撤退する。結構、高度でしょう？

中瀬　あと、いわゆる諜報戦もありますよね。

丸山　そうそう。実は昆虫は無謀に突っ込むことはあまりなくて、だいたい偵察を行います。相手の力量を予測して、巣の大きさ、相手の数なんかを見ているのでしょう。それで、「こいつには敵わない」と思ったら、ほかに勝てそうな巣を探す。家に上がってきて1~2匹でウロウロしているアリなんかも、典型的な偵察部隊です。ただ、人間と違うのは、そういう捨て駒みたいな役割だからといって必ずしも下っ端のアリが

クロオオアリ

担うわけではないこと。

養老　働きアリはみんな平等だからね。労働者階級は、みんな一緒。

丸山　はい。ですから、エサを狩りに行くついでに、たまたま敵の縄張りに通りかかった働きアリが敵陣の巣を見に行く、という感じでしょう。

中瀬　たしかに働きアリは平等ですが、命の重さにはランクがあります。生まれてから時間が経っているアリ、ありていに言ってしまえば老い先が短いアリは、相対的に価値が低いと見られます。ですから、危ない仕事を担うのは主に老アリですね。

丸山　危険が多い外勤はベテランにお願いします、後世を育てる仕事は若い衆でやりますから、と。

中瀬　まさにそんな感じですね。人間でそんなことをしたら「人でなし!」と罵られそうですけどね。老アリは死をも辞さず、率先して危険に飛び込みます。これはスズメバチも同じです。若いうちは巣の中で幼虫の育成などを担って働いているのですが、歳をとるごとにだんだん外に出るようになって、攻撃性も毒も強くなっていきます。

養老　人間なんて逆で、若い人から兵隊にとっていくからね。あれはきっと体力の問題はもちろん、家族があると、生き延びたいと思って勇敢に戦わないからだよ。守りに入っちゃうから。

丸山　ああ、そうかもしれません。あと、社会的な集団で動くハチやアリは、単独行動する虫に比べて相対的に命の価値が軽くなるので、ケンカっぱやくなります。自分が傷ついても死んでも、ほかの仲間が勝手に子孫を残してくれますから。一方で、単独行動しているやつは、自分が死ぬとそこで自分の遺伝子が終わってしまうじゃないですか。「子孫を残す」という生き物にとっての至上命題を達成するためには、まずなにより大切なのが自分の命。死ぬほどの争いは自然と避けるようになります。比較的平和主義だと言えるでしょう。

養老　だから、スズメバチの巣に人間が攻撃するとちゃんと反撃してくるし、一方で単独行動派のハンミョウなんかはまずやり返してくることはない。巣穴をつついても、奥に逃げ隠れるか、走って逃げていくかです。ちなみに、ハンミョウは人間から逃げるときにちょっと飛んではすぐにこちらを振り返るように見えるので、「ミチシルベ」

の別名があって可愛いんだよね。

人も失明するほどの蟻酸

丸山　サムライアリについて「鎌のような口をしている」と言いましたが、これは最も アリらしい、古典的な武器と言えます。アリの戦い方は「嚙みつき」が基本ですから。ところが、進化したアリほど嚙みつきに頼らず、もっと進化した武器を手に入れます。

養老　蟻酸《ぎさん》をかけたりね。

丸山　はい。蟻酸は物質としては目に入ったら人間も失明するほどの強い腐食性を持った酸性の液体ですが、比較的進化を遂げているヤマアリ亜科だけが出すことができます。そもそもアリというのは、もとをたどればハチの仲間なんですね。翅をなくし、歩行で生活空間を広げたハチと考えればいいでしょう。そうした進化を重ねるうえで針という最大の武器を捨ててしまったわけですが、

ハンミョウ

代わりに、強い酸をスプレー状の水鉄砲みたいに噴射するようになりました。これは、取っ組み合って自分が怪我しなくても相手に損傷を与えることができる、高度な武器のひとつです。

ヤマアリ亜科

中瀬　蟻酸によって、相手のアリは死ぬものですか？

丸山　うん、見ていると、蟻酸をかけられたアリは結構な割合で死んでいるかな。まず、蟻酸がお腹につくと、酸性度の高い液体を気門から吸ってしまい、ダメージを受けてしまう。簡単に言うと焼けてしまうんです。蟻酸を出すヤマアリなんかをビニール袋に入れておくと、自分が出した酸で死んでしまうこともあります。

中瀬　なるほど。アリって気門は閉じられないんですっけ？

丸山　うん、閉じられない。だから、酸を気門に食らうとモロに全部吸ってしまいます。中の組織がやられてしまうのかもしれません。

中瀬　私たち人間が吸虫管（チューブの途中に受け口を

つけておき、空気と一緒に虫を吸い取ることで採取する方法）で吸ったときに酸を出されると、ダメージを食らいますもんね。やっぱり酸っぱくて。

丸山　そうそう、経験してみないとわからないけど、なかなかキツいよね、あれは。

養老　武器の進化って、だんだん攻撃距離が長くなるんですよ。人間もそうでしょう。素手やナイフで直接戦うのは原始的。進化すればするほど、鉄砲やミサイル、毒ガスのように、遠くから攻撃ができるようになります。

丸山　アリもまったく同じです。ほかにも、クビレアリ属の一種のように、相手の巣の入り口に石を落とす知能派もいます。直接攻撃以外の、何かしら工夫のある攻撃をするということは「進化している」ということなんですね。

クビレアリ　© Alex Wild

すよ。

逃げるが最強

中瀬　ただ、武器を持つのは、生物としてかなりのコストがかかることです。得られるもののバランスと釣り合わなくなったら、すぐに武器は消滅します。カブトムシの角も、雌にはありませんよね。体の一部を伸ばすなんて、とんでもないコストなんですよ。

ミイデラゴミムシ

丸山　ただ、カブトムシの角の場合、戦わずして勝負を決めるために大きくしているという説もあります。角を突き合わせた時点で勝負はついているというか。

中瀬　傷つかなくて済むのであれば、よりコストに見合っていると言えますね。

養老　あれは、捕食者である鳥への防御策にもなっているという考え方もあるの？

中瀬　うーん、守りを考えるのであれば、雌にもあるはずです。雄だけ出るということは、雌をめぐる雄同士の戦いと考えたほうが自然でしょう。

養老　なるほどね。

中瀬　あと、戦いの種類としては、天敵に狙われたときの「反撃」もあります。自衛ですね。

丸山　まさにミイデラゴミムシのおならがそうでしょう。また、日本に生息するヤエヤマツダナナフシは、刺激を受けると白くて臭い液を出します。これらは相手にダメージを負わせるというよりは、襲われたときに逃げるため、もしくは口に入れられても吐き出してもらうための攻撃です。虫にとっては自分さえ生き残れればそれでよくて、わざわざ余分なエネルギーをかけてまで相手を殺す必要なんてありませんからね。やっぱり、あんなに好戦的な進化の仕方をしている昆虫はアリくらいじゃないでしょうか。

中瀬　そうですね。天敵は、普通に戦っても勝てないから天敵と呼ぶわけです。ですから、天敵に対しては、食べられるか、逃げるか、のどちらかしかありません。そもそもが、「勝つ」という選択肢のある戦いではないんです。

丸山　うん、そうだね。死闘のすえギリギリ勝てる相手であっても、争って怪我をすれば命を落とす可能性が生まれてしまうから。人間が小さな傷から破傷風になって死んでしまうのと同じです。

中瀬　そう考えると、よっぽど余裕で勝てる相手か、食べるために致し方なく襲うときしか手を出さないのが、生物としての当然の戦略のはずですよね。

養老　中国の故事にある「三十六計逃げるに如かず」だ。最近は聞かない言葉だけれど。

中瀬　まさにそうですね。

養老　なかには、その「逃げる」という点で進化したものもいて、コウモリが天敵のガなんかがその代表格だね。コウモリの超音波が当たった瞬間、飛んでいるガは気絶してストーンと落ちる。で、しばらくしたらむくりと起き上がる。コウモリは人間には聞こえない超音波を口や鼻から発して周りの様子を把握していて、エサであるガがどこにいるのかもこの超音波の反響で察知するからね。ガもただ無抵抗に超音波に当たって捕獲されるわけではなくて、天敵の超音波を感知できるように進化していったんだよね。

丸山　死んだふりをする昆虫は多いですよね。まず、死んだ昆虫ってまずいんですよ。鳥はいくらお腹が空いていても、死んだ昆虫なんて食べません。そしてなにより、下に落ちたままじっと動かなければ、ものすごく探しづらくなります。私たちが虫捕りをしていても、うっかりカミキリムシなんかを地面に落としたら、もう諦めるしかありません。動いてくれないと絶対に見つからないんです。

養老 うん、たしかに。落ち葉なんかに紛れると、さっぱりわからなくなる。

中瀬 私たち人間も動物ですから、動くものを捕捉する能力に長けているんですよね。動いてくれさえいれば、遠くにいる小さな虫も見つけられるんですが……。じっとされると背景との区別をつけるのが難しいですし、平坦な道であればまだしも、起伏があるとお手上げです。

養老 危機が訪れたときに不用意に動かない昆虫も、外敵の目に対応した進化なのかもしれないな。

力の羽音が聞こえるのは進化のおかげ？

丸山 ところで、ネジレバネのような寄生生物は、基本的に戦わないでしょう？

中瀬 そうですね。あ、でも、争いらしきものはあると言えばありますよ。

丸山 へえ、どんなとき？

中瀬 ひとつのホストに何個体も入ってしまうときです。もちろん、アリのように武器を使って戦ったりはしませんが、「誰が先に出るか」の競争が起きます。私が調べた種類のホストに関しては、ネジレバネが出てこれるスペースが2匹分しかありません。腹と胸の間の線上に穴を開けるので、そんなに広くないんですよ。そうすると、出口を失った3匹目以降は中でしょげておしまいです。

丸山　ハハハ、しょげちゃうんだ。

中瀬　体としては成虫になるんですが、そのまま死ぬまで頭も出せず、ただただ宿主の体内にいるしかなくて。そんな処遇が待っているので、出る2カ所をめぐっては競争が起きます。まあ、本人たちが争っているつもりがあるのかはわかりませんが……。ネジレバネはだいたい雌雄の形が大きく違うので、当然成長スピードも違います。先に成長した雄が羽化してささっと穴から出ると、脱ぎ捨てたサナギの抜け殻が出口をふさいでしまい、雌は頭を出す場所を失ってそのまま残ってしまうということが起きますね。

養老　へえ。それが雌雄の数の差につながるということは？

中瀬　それが、あるんです。明らかに雄のほうが多い。おそらく、幼虫のときには同じくらいの数がいて、うまくホストの体から出てこれるのが雄に偏っているのでしょう。

養老　なるほどね。それが、雌がなかなか見つからない理由でもあるわけか。あ、戦法といえば、ちょうどこの前考えていたことがあるんだけど。

丸山　なんでしょう？

養老　あのね、カの「プーン」の音。あれ、僕たちに聞こえるのっておかしいよね？奇襲すれば勝てるのに、わざわざ「今から突撃します！」と宣言して敵に注意喚起しているようで。

丸山　ハハハ、なるほど。

養老　アカイエカやヒトスジシマカとかね。あれ、人間にとっても特別嫌な音だし、やっぱりみんな敏感じゃない。カにしたって見つからないほうが得でしょ？　無慈悲に潰されないで済むでしょ？　なんでわざわざ「私はここにいます」って言うの？

中瀬　うーん、おそらく、あの音が聞こえるように、人間のほうが進化したんだと思います。

養老　へえ。そうなの？

中瀬　あ、もちろん、全部仮説の話ですよ。でも、そう考えるのが自然だと思います。もしカの音が聞こえないままだったら、今頃私たちは、今の比ではなく容赦なくカに刺されまくっていることでしょう。

丸山　カはマラリアをはじめ、人の命に関わるような強い病気を媒介する存在です。

「この音」が聞こえなかったころは、そういった重篤な病気対策としてカをどうにかしたくても、なすすべがなかったでしょう。けれど、「プーン」の音さえ聞こえれば、夜寝ているときでも反射的に起きて排除できるようになる。感染の機会を減らすためには、耳を進化させるのがいちばん合理的なはずです。

養老　虫じゃなくて人間が適応していったのか。面白いなあ。

中瀬　人間のカ、ひいてはマラリアへの適応と言えば、鎌状赤血球の存在もそうですよね。鎌状赤血球は自己破壊することでマラリアの原虫も殺して感染に抵抗するのですが、ひどい貧血や死亡リスクすら抱えている。それでも、この異常ヘモグロビンを選択する強力な遺伝子が残っているくらいですから。

丸山　鎌状赤血球は日本では見られませんが、マラリアに感染する可能性の高いアフリカや地中海には生き残っていますしね。それくらい、カの与える影響力は人間にとって大きいということです。

養老　なるほどねえ。吸血コウモリが近づいたって何の音も聞こえないのに、どうしてカばっかり自己主張するのかと思っていたよ。ヒルだってサイレント・ストーカーだし、ダニだってそう。まあ、あとはハチとかハエかな。

中瀬　ハエやハチとカの音だと、高さがずいぶん違う気がします。これをちゃんと聞き分けているとしたら、やっぱり人間側の進化の賜ですよね。

養老　その力だって、飛ぶときにどうしても聞こえてしまう羽音以外は静かにしているんですけどね、うっかりしているうちに人間が進化してしまったということか。人間が嫌う虫には、環境の中で「嫌なものだ」と認識する学習性のものと、生まれつき「嫌だ」と感じる本能的なものがあると思うんだけど、カの場合は本能的なものということかな。スズメバチの黒と黄色の縞模様なんかは、一体どちらなんだろう？

丸山　うーん、注意喚起をするために張られるトラロープ（工事現場などで使われる黄色と黒色のロープ）とスズメバチ、どっちが先に「危険だ」と本能に刻まれたのか、ということですよね。なかなか実験しづらいですが、興味深いですね。

「計画」ができる農業技術

丸山　生き残り戦術として面白い生態をひとつだけ挙げろと言われれば、私は「農業をするハキリアリ」を挙げますね。面白いというか、最も進化した、最も堅実な生き方だな、と。

中瀬　いいですね。「アリとキリギリス」のアリのキャラクターを地でいく、というか。

丸山　農業を考えるとき、人間はなによりも効率よく儲けることを考えますよね。ベトナム戦争でアメリカ軍が撒き、そのあと健康被害が大きな問題になった枯葉剤を製造していることでも有名なモンサント社がわかりやすい例です。モンサント社は、強力な除草剤をつくって、同時にその除草剤に耐性がある遺伝子組み換え作物を売り出しているんですね。これは、農業ビジネスの効率化の最たるものでしょう。この遺伝子組み換え作物を植えて除草剤をバーっと撒いてしまえば、あとは手間いらず。消費者としては口に入れるのが怖いようなシロモノで、実際に安全性の疑義が指摘されていますが、効率よく作物をつくりたい農家の方々には間違いなく受け入れられます。

トラロープ

養老　人間の健康だけじゃないよ。そんなものを食べる鳥や虫がいることを考えても、広範囲で環境を脅かすでしょう。

丸山　ええ。昆虫にとって植物自体が毒の塊のようになってしまいますからね。でも、そうやって人間が化学の力で20世紀に入ってなんとか成し遂げたのと同じようなことを、ハキリアリはとっくにやってしまっているんです。い

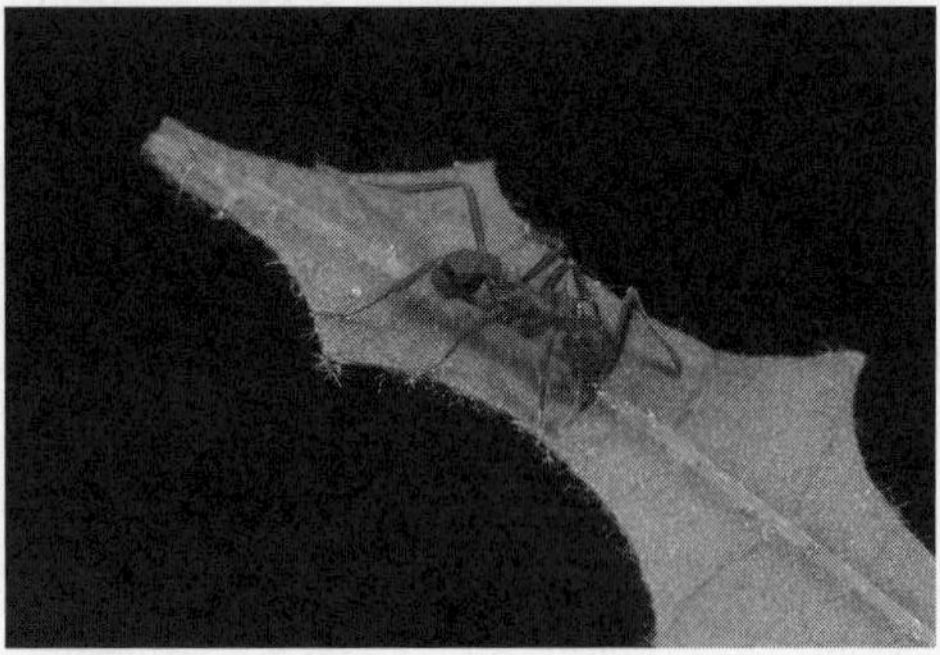
ハキリアリ

ちばん高度な農業をしているハキリアリは、まず、葉っぱを切り取ってきて、発酵させて肥料にし、土づくりをします。そこにキノコの菌糸を植えつけるのですが、このとき、胸のところで飼っている共生バクテリアに抗生物質を出してもらうことで、ほかの雑菌を殺してしまいます。そうして、目的の菌だけがうまく育つような環境をつくってあげる。あまり一緒にはしたくないのですが、まさにモンサント社がしていることと同じでしょう。

中瀬　モンサント社と違うのは、どこかにしわ寄せがくるかどうか、ですよね。アリと人間ではシステムが違って、アリの場合は、なぜか抗生物質に対する耐性菌ができることなく現在にいたるまでその仕組みが続いている。一方、モンサント社の除草剤と遺伝子組み換え作物のセット販売をしても、そう簡単にはいきません。あっという間に除草剤に耐性のある雑草が出てくるはずですから、いたちごっこになってしまう。では、なぜ、アリの抗生物質に耐性のある菌が出てこないのか？　耐性のある菌が出てこないような特殊な物質を持っているか、もしくはほかの菌を無力化することでシステムを維持しているに違いありません。もしその仕組みを調べて農業に応用できるのであれば、モンサント社が世間から糾弾されている問題をはじめ、いろいろな問題が解決するのではないでしょうか。

ナガキクイムシの一種

養老　おっしゃるとおり。文明が進化しているはずの人間のほうがいたちごっこに巻き込まれるなんて、皮肉な話だね。昆虫がやっている農業の仕組みを見ると、人間が学ぶことはたくさんありそうです。

丸山　原始的なハキリアリは朽木の中で生活していて、進化したハキリアリのように自ら葉っぱを切り取ったりはしません。そして、朽木に

オオキノコシロアリ

棲んでいるほかの動物の糞を堆肥として菌を植えつけます。つまり、「今あるもの」で済ませてしまうんですね。ここで問題なのは、「今あるもの」に頼っていると、どうしても小規模な農業しかできないという点です。

養老　経済規模を拡大できないわけだ。

丸山　そうなんです。実際、原始的なハキリアリの巣は、進化したハキリアリの巣に比べてこぢんまりとしています。それに、「今あるもの」があるのかないのかは、運次第。なんらかの環境の変化があって朽木から動物がいなくなったら、堆肥がなくなって何も生産できなくなってしまいます。進化したハキリアリのようにある程度食料事情をコントロールできるということは、昆虫にとって大きな進化なんですね。

中瀬　自分で環境を整えるという意味では、ゾウムシ上科のキクイムシもそうですよね？

丸山　あ、そうだね。木材を食べる大害虫として、人間からは相当嫌われているけれど。

中瀬　キクイムシのなかには、自分の体にキノコを育てる菌を付着させたり、もしくは菌を入れるパーツを体に持っているものがいます。そして、新しく棲むための巣穴を掘ったら、まずそこに運んできた菌を植えるんですね。

養老　そこで育ったキノコを幼虫が食べるんだよね。

中瀬　はい。家づくりと農業を両立させていると言えるでしょう。

丸山　あと、シロアリにも農業をする種がいます。東南アジアに生息するキノコシロアリは、土の中に枯れ草や朽木を運び、そこにやはりキノコを植えつけるんですね。何がすごいって、この農業の仕組みを、昆虫は8000万年前からやっていたということです。人間が農業らしきものを始めたのが1万年前ですから、農業に関しても昆虫は先人に違いありません。

ほとんどの共生は不公平

丸山　農業のように実直な生存戦略があるかと思いきや、まさに「昆虫ならでは」と言える戦略を取る昆虫もたくさんいます。たとえば、自分が生き残るために、たいして努力をせずに楽をする生き方とも言える「共生」。特に私の専門である好蟻性昆虫は、いろいろな共生の姿を見せてくれます。

中瀬　共生については25ページで詳しく触れましたが、好蟻性昆虫との共生によってアリが享受するメリットってないですよね？

丸山　うん、メリットどころか、むしろ害ですね。でも、それで絶滅に追い込まれるようなひどい目に遭ったり、死んだりすることはないから無視できるわけです。というのも、好蟻性昆虫はひとつの巣にいるアリの数に対して、数万〜数百分の一の個体数しか存在していないんですね。家の中に傍若無人な客人が入ってきているようなものだけど、大家族の広い家だし、なによりアリ自身は寄生虫のことを家族だと思い込んでいる。そんな感じですね。

中瀬　でも、ボルネオ島のランビルで見つかっているようなフクラミシリアゲアリの巣に寄生するユモトゴキブリなんかは、個体に占める割合ももっと大きいですよね。

丸山　ユモトゴキブリになると、巣全体の2割程度を占めていると言われています。まだ研究が及んでいないところが多いのですが、おそらく巣で生活するうえで出てくるゴミを清掃する……つまり、ゴミを食べるタイプの好蟻性昆虫です。

養老　へえー、2割はすごいな。アリとゴキブリの相互にメリットがないと、とても成り立たない数字だ。

丸山　ええ。ほかにも、好蟻性昆虫を語り出したら止まりませんよ。アリが口移しでエサを受け渡すときエサを盗むアリヅカコオロギ。エサを運んでいるアリを見つけたら飛び乗り、巣に帰るまでの間にむしゃむしゃ食べるヒラタアリヤドリ。グンタイアリの狩りについていって、獲物を分解するときに盗み食いするハネカクシ……。

中瀬　よくぞ気づかれないな、というものばかりですね。

丸山　好蟻性昆虫のなかには、アリと持ちつ

ユモトゴキブリは熱帯のはるか樹上にあるアリ植物の中に暮らす。ふつう、好蟻性昆虫は巣の中にわずかしかいないが、ユモトゴキブリはアリの巣の中に多数の個体が生息する。

ヒメヒラタアリヤドリ（アリの後ろ）

持たれつの関係に近いものもいますから。もちろん、その場合も五分五分で等しく利益を分け合っているかというと、決してそうではないんですけどね。

養老　実際に完璧に対等な関係なんて、ないでしょう。

丸山　ええ、そこがまた面白いんです。たとえば、アブラムシ。アブラムシは柔らかく、栄養たっぷりで動きも鈍い。クモやハエの幼虫などから、とかく狙われやすい虫です。あげく、隙あらば寄生しようと虎視眈々と狙うハチまでいますからね。どうにも四面楚歌な人生なので、虎の威を借る狐になってでも身を守らなければいけません。誰か強力な助っ人がほしいと考えたとき、「強い」存在であるアリに目をつけた。アブラムシは植物の新芽から汁を吸い、そこで得た糖分を甘いおしっことして出します。これは「甘露」と呼ばれ、栄養分も多いんですね。

そこで、アリに甘露を舐めさせてあげる代わりに天敵から守ってもらうわけです。……これ、一見対等な関係に見えますよね？

養老　ところがどっこい、まったく美しい話ではない。

丸山　はい。これがなかなか厳しい取引なんです。最近の研究では、アリがあまりにも甘露をねだるあまり、アブラムシが自分の栄養を吸収できなくなってしまうことがある、ということが明らかになってきました。なにより、アブラムシの出す甘露がアリのエサであると同時に、結局はアブラムシそのものもアリのエサのひとつなんですよね。

中瀬　美味しくて栄養のある甘露を出さなければ、自分が殺されてしまう。アリにしたら、どちらを食べるにしろうまみがある話です。

丸山　アブラムシは、アリの家畜ですね。人間だって、牛乳が出なくなった牛を食肉にしたりするでしょう？　そういうことを、アリも効率よくやっているんです。もちろん、人間が行うずっと前から。

人の暮らしも寄生の典型

養老　寄生と聞くと、寄生虫のように体の中に棲み着くような虫ばかり想像してしまうけれど、必ずしもそうではないんだよね。社会性の昆虫がするように、外から相手の巣の資源を奪おうとすることも寄生の姿です。それを突き詰めて考えると、生き物が相手から「何かを奪い取ろう」という行為はだいたい寄生という言葉に置き換えられる。僕、アリの奴隷制も寄生のひとつの形と言えるんじゃないかと思うんだよね。やはり、「いかにサボって楽に資源を得るか」は生物が生きるための規範ですから。

中瀬　人間もそうして文明を発達させてきたわけですしね。

丸山　そう。できるかぎり不要な労働はやめて、不労所得で暮らしていけるように生活スタイルを変えようとするのが生き物の基本的な姿だし、寄生は人間の社会構造そのものですよね。アリが奴隷を使うというのは、おそらく、昆虫に興味がない人にとっても比較的有名な話です。人間の奴隷や強制労働とまったく同じ関係性だから、誰しもが納得できるし語りやすいのでしょう。

養老　他人からエネルギーを奪うという意味では、昆虫も人間もまったく同じことをしているんだよな。権力のある上位数パーセントがその他大勢を従えるのも人間と同じだし。

丸山　寄生はあらゆる生き物で進化してきました。結果としてそういう生き方を選択した生物が効率よく生きることができ、子孫を残せる確率が上がったと言えるでしょう。

養老　まあ、動物はみんな植物に寄生しているしね。それは人間も同じで。

丸山　人間の場合、植物だけではありませんよね。たとえば、モンゴルでは生活の大部分を家畜に頼っています。家畜の肉を食べ、ミルクを飲み、時折働いてもらう。そういう生物間の関係を客観的に見てみると、人間は家畜にも寄生していると言えます。

中瀬　人間がいちばん意識的に、そして貪欲に楽をしようとしている気がしますね。

丸山　少し話を戻しますが、寄生種と宿主はもともと同じ祖先を持つ近縁種であることを示す「エメリーの法則」というものがあって、まさにアリがそうなんです。アリは排他的なので巣さえ違えば同じ種の仲間にもすぐに攻撃に出てしまいますが、むやみに攻撃し続けていては誰も奴隷にすることはできません。そんなアリでも血縁関係のある相手であれば行動やエサなどの共通点も多いため、殺さずに使役できるのではないかと言われています。そういう法則から考えても、アリはどうしても奴隷制度を採択したかったんだなと思わされますね。

養老　なるほど。ということは、人間が奴隷制度をつくり上げたのも、生物としてごく自然な流れかもしれない。

丸山　ええ、そうですね。こんなことを言うと「強制労働や奴隷制度という名の寄生は自然の摂理だから仕方がない、と言うのか！」とクレームがきそうですけど。

養老　ハハハ、まあ会社だって同じようなものじゃない。ただ、人間の場合は、単位が個体とか種とかではなく、かぎりなく「個人」だよね。そして、その個人の役割が、ほかの生物よりもちょっと深くて多い。つまり、経営者に搾取という名の寄生をされている会社員だってあらゆる動植物に寄生しているし、さらに下請けの会社に寄生していたりする。まあ、乱暴な言葉で言うと生態系の網の中にずっぽり入っているんだよね。

中瀬　うーん、言われてみればそうですね。

養老　あと、国家に寄生している人だって、たくさんいるでしょう。

丸山　国家に寄生？

養老　それを人は福祉国家と呼んでいるんですよ。こんなこと言ったら怒られちゃうかもしれないけどね。ただ、読者に知っておいてほしいのは、寄生や居候って、されるほうにも意味があるということ。言葉だけ取り上げるといかにも一方的に利益をむさぼっているように見えるかもしれないけれど、決してそうではない。それに、Aという昆虫に居候しているBという昆虫だって、Cという昆虫にとってまた意味があるはずでしょ。二者の関係だけで考えるから「けしからん」なんて話になる。全部つながっているんだから、その二者間を飛び越えてまた違う個体に影響があるんだよね。

中瀬　さらに、状況が変わってくれば、何がどういうふうに役に立つかわからないですしね。

養老　そのとおり。少し話が違うかもしれないけど、盲腸のところにある虫垂《ちゅうすい》って、何の役にも立たないでしょう？　役に立たないどころか、ときどき虫垂炎を起こすから「こんなものないほうがいいよ」って腹が立つじゃない。

丸山　ハハハ、たしかに。

養老　でも、人間が違う暮らしをするようになったら？　住む環境がガラッと変わるようになったら？　もしかしたら、必要になるかもしれないよね。草だけ食っているウサギやパンダの虫垂は大きいんですよ。つまり、人間が草だけ食べて生きていかないといけなくなったとき、ないと困るかもしれない。口蓋垂《こうがいすい》だって「役に立たない体のパーツ」とか言うけれど、状況が変わったらどうなるかわかりません。宇宙人が攻めて来たら、ものすごく役に立つかもしれない。今の僕たちが持っている貧困な想像力がすべてではないんだから。

「退化」という「進化」

丸山 とはいえ、寄生ばかりして自立することができなくなると、それはそれで生物として弱い存在になってしまいます。寄生することに特化しすぎると、寄生という生き方がメリットではなくなったとき、にっちもさっちもいかないんですよね。プロの寄生虫になるためには、思い切って機能や能力をいろいろと捨てなければいけませんから。

中瀬 楽をする引き換えに、いざというときには転落しかない。そういうデメリットを抱えているのが寄生ですね。おそらく寄生虫のなかには、寄生することで宿主を滅ぼし、結果的に自分も滅びてしまった本末転倒な種もいるでしょう。もっとも、絶滅したということは「残っていない」ということなので、寄生が原因で滅びたのかどうかは検証不可能ですが。

養老 寄生虫が生存するためには、寄生の割合に下限のラインがあります。たとえば人間に寄生する回虫の場合、保虫者が人口の5パーセントを切るとあとは減る一方、自動的に消滅すると言われている。あくまでこれは日本での数字だけど、こういう数字は昆虫同士の寄生でもあるはずで。

丸山　好蟻性昆虫は、環境の変化に弱いものが多いと考えられています。クロオオアリに寄生するクロシジミのようなチョウは、ある環境下で宿主のクロオオアリがいなくなってしまったとき、追いかけるようにその場所から絶滅してしまいました。アリはしばらく経って復活したけれど、チョウのほうは二度と戻らなかったようですね。アリの巣に棲むシジミチョウは環境の変化に弱いうえにそれほど繁殖力が強いわけではなく、大量発生できるような昆虫ではないんです。日本では、クロシジミ、ゴマシジミ、オオゴマシジミ、ムモンアカシジミ、キマダラルリシジミの5種の好蟻性のシジミチョウがいますが、いずれも近年、大きく数を減らしています。

シジミチョウの一種

養老　トゲアリに寄生するケンランアリスアブは、寄生種、宿主ともに減少傾向らしいね。昔はトゲアリなんてどこにでもいたのに。

丸山　では、なぜ好蟻性昆虫は環境の変化に弱いかというと、さっきも言ったようにいろいろ捨ててしまうから。「退化という進化」をしてしまうからなんです。普通のチョウであれば、葉っぱを食べるでしょう。つまり、食べるための歯や口がきちんと発達するんですね。ところが、一生をアリの巣の中で過ごすシジミチョウの場合、歯が退化するうえに腸で葉っぱを消化することもできなくなってしまう。けれど、ここでの歯や腸の退化は「進化」です。退化というのは人間側の主観の話で、エネルギーの無駄遣いになる余計な機能を捨てていくのは、まごうことなき進化なんです。

中瀬　そして、一度なくしてしまった機能や器官を再び得るのは不可能と言われています。

養老　そう。再び得られなかった姿として、ハチやアリの幼虫がある。幼虫に足がないのだって、退化という進化でしょ？

丸山　はい。肉食、凶暴というイメージのあるハチですが、進化の歴史で最も原始的な段階では葉っぱを食べて生きていたんです。その弱いハチから寄生性のハチは生まれて、ほかの昆虫の体内を食い荒らすようになったわけですが、昆虫の体内を泳ぐために足が不要となり退化していったんですね。しかしあるとき、なんらかの変化が生じて、ハチは寄生をやめることになった。あらゆる退化という進化を遂げたハチが、スズメバチやミツバチやアリのようなものに進化していったんです。けれど、幼虫が足を失った状態はそのまま引き継がれていて。だから、ハチもアリも幼虫は足がないまま、というわけです。

中瀬　あまりにも便利に生きていると、それがなくなったときに滅びるだけの存在になるというのは怖い教訓ですよね。今、突然「人類のみなさん、これから狩猟採集で生きていくことになりました。文明はすべて取り上げます」と言われても対応できないでしょうから。でも、もしかしたら、現代社会で落ちこぼれと呼ばれるような人たちが真価を発揮して、あらゆる環境に適応して生き残っていくかもしれない。そうしたら、その人たちが強者として子孫を後世に残していくでしょう。

養老　そう。環境が変われば、強者と弱者がガラっと入れ替わるってことだよ。

姿、匂い、声…なんでも真似る！

丸山　厳しい環境を生き抜いていくためには擬態は欠かせませんが、養老先生が面白

トゲナナフシ

いと感じた擬態は何かありますか？

養老　もう、そんなの、いくらでもいるよ。

丸山　そうですよね。具体的な昆虫名を挙げていただく前に、まずは簡単に擬態の定義からまとめておきたいと思います。まず、毒のない生き物が毒のある生き物に姿を真似る、「ベイツ型擬態」です。日本だとベニモンアゲハを真似するシロオビアゲハが代表的ですね。これに対し、「ミューラー型擬態」は毒のあるもの同士が姿を似せて、捕食者に強く覚えてもらうように仕向けるタイプです。ドクチョウがこのタイプで、毒を持っている5種のチョウが同じような模様を共有することで天敵である鳥に対して何倍もの学習効果を期待するわけです。ほかにもよく知られているところだと、葉っぱや苔、石などの自然物や背景にカモフラージュする「隠蔽擬態」。葉っぱそっくりのコノハチョウ、枝そっくりのナナフシなどです。余談ですが、トゲナナフシは人間につかまったとき、観念するのかすっとぼけているのか、じっと動かず枝のふりをし続けるのでいじらしいんですよ……。それで、隠蔽擬態には、天敵から身を隠す場合と、エサを捕るときに周りの環境に似せて待ち伏せするための2種類があります。

養老　キリギリスやカマキリなんかが後者のタイプかな。

丸山　そうですね。そして、私が専門にしている好蟻性昆虫で見られるのが、「ワズマン型擬態」。アリそっくりの姿になるもので、アリに似せた匂いを出す化学物質だけでなく、表面構造まで真似することもあります。このように、アリやシロアリの巣に溶け込むために姿形を真似ることをワズマン擬態と言うんですね。ハネカクシなんかは体表炭化水素の匂いを真似することで「仲間」のフリをしてアリの巣に忍び込み、そのまま、いかにも「僕はアリです」みたいな顔をして居つきます。もちろん匂いだけに頼らず、ほかにもあらゆる手段を講じて擬態していますよ。たとえば、口の形。アリは口移しで仲間とエサを交換するのですが、アリは視力がほぼないし、いずれにしろ巣は地下にあるから真っ暗でしょう。その中で触れ合う口の先端さえ同じような形をしていれば簡単にはバレない、というあんばいです。あと、動きもありますね。エサをねだるときには口ひげをこう動かすとか、触角をどう動かすとか。さらに、もっと「仲間らしく」扱ってもらいたいときには姿形も似せてきます。そうすれば、怪我をしたときにアリに運んでもらえるほど巣になじめますから。ヒメサスライアリと共生するハネカクシは、まさにこうした行動を取ります。

アリを咥えたクロツヤクサアリハネカクシ

中瀬　やはり、凶暴で攻撃的で武器まで持っている、嫌われもののアリに似せるメリットは大きいですね。それぞれコストをかけて擬態しています。

丸山　クサアリに擬態するクロツヤクサアリハネカクシもワズマン型の代表格ですが、興味深かったのが、2004年に香川大学の伊藤文紀先生の研究室で行われた実験です。これはクロツヤクサアリハネカクシの擬態について調査したもので、実験に使われたのはニホンアマガエル。アマガエルはアリをよく食べますが、クサアリを口に入れるとその防御物質を嫌ってぺっと吐き出してしまうんですね。そして、一度クサアリを口に入れたニホンアマガエルは、二度と口にしようとしません。では、目の前にクサアリに擬態していると言われるクロツヤクサアリハネカクシを差し出したらどうなるか？　という実験です。結果としては、一度クサアリを吐き出したニホンアマガエルは、クロツヤクサアリハネカクシをほとんど食べようとしなかったんです！　つまり、これはニホンアマガエルから見ると、「同じ種に見えた」ことを意味します。もちろんほかの捕食者での実験も必要ですが、ここまではっきり擬態の効果が証明されることは珍しいので驚きましたね。

養老　オーストラリアのクイーンズランド州の博物館にいるアリの専門家がフィジーに行ったとき、アリを捕って帰ってきたの。そしたら、標本をつくっている最中に「あ、これカミキリムシだ」って気づいたんだって。つまり、少なくともフィールドの上では、プロがアリだと思ったということ。さらにフェロモンや表面構造、仕草まで一緒だったら、捕食者はまだしもアリ本人は気づかないよなあ。

中瀬　あと、最近は音の擬態も明らかになってきましたね。

養老　ゴマシジミの幼虫は、寄主であるクシケアリの女王と同じ音を出すことで優先的にエサをもらったり、命の優先順位を上げてもらっているんだっけ？

中瀬　そうです、そうです。

丸山　私が昆虫を採集していて面白いなと思うのは、必ずしも形や色に「意味がある」わけではない」ということです。というより、正確に言うと、「意味がないかもしれ

ホソミツギリゾウムシ　©中瀬

ない」ですね。

養老　うん、そうね。

丸山　たとえば、チョウがきれいな色や柄を持っている理由って、まったくわかっていないじゃないですか。もちろん、毒のあるチョウが派手な色で警戒を促しているとか、翅を閉じると葉っぱそっくりな形をして自分を隠しているとか、そういう擬態の類であれば「何を伝えたくてそういう進化を遂げたのか」が汲み取れます。けれど、なぜミイロタテハの仲間はこんなにきれいな赤と青の模様を持っているんだろう、というのはよくわからない。交尾のためという説もあるし、擬態のためという説もある。後付けの域を脱しないんです。それに、もしかしたら、本当は意味なんてこれっぽっちもないのかもしれません。

中瀬　どんなに派手な色や模様をしていても、捕食者にとっては単色に見えているかもしれませんものね。昆虫の視覚は種によって多種多様ですから。おそらくモノクロに見えているだろうと思われるものも、ミツバチのように人間よりも多彩な世界を味わっているとわかっているものもいます。

丸山　そうそう。真っ白に見えるモンシロチョウだって、ほかの昆虫が見ればまったく違う色が見えているかもしれないからね。

中瀬　色の不思議さもさることながら、ときどき、「これ、一体何に使うんだ?」と首をかしげたくなるような、わけのわからない器官がくっついている虫もいます。何かの仕事をするためのパーツなのでしょうが、標本になっていると生きているときの姿が観察できないので。ホソミツギリゾウムシの後ろ足みたいに、バッタのように跳ねそうな脚にもかかわらず、引きずって歩いていたというのもあります。

養老　意味を持たせようとしてしまうのも人間の性《さが》だけど、果てしない進化の途中に何があったのか、妄想するのも楽しみだよね。

第4章

昆虫たちの生きる環境は今？

コンビニが昆虫の生活を乱す

丸山　ご存じのとおり、日本の都市部はここ100年で大きく環境を変えてきました。そのなかで、昆虫も大きく影響を受けてきたわけです。ここでは、昆虫にとって今がどういう時代であるかということを含め、「環境と昆虫」について広くお話しできればと思います。

養老　虫にとっての「環境」を語ろうと思うと、妙に長いスパンになってしまったり、今の環境の不自然さに対する辛辣な意見になっちゃったりするよね。

丸山　まあ、虫屋ならではの提言がまとまればよしということにしましょう。

中瀬　ただ、よく環境問題の議論で語られるように、必ずしも昆虫が一方的に減り続けているというわけではありません。増えたり減ったり、移ったり。様々な形で影響を受けていると言えます。

丸山　たしかにそうなんだよね。

中瀬　もちろん、ここ数十年で人間がつくった環境のせいで、あっさり絶滅の憂き目に遭っている昆虫はたくさんいるでしょう。何万年という時間のなか、暑くなっただの寒くなっただの、木が増えただの減っただの、といった厳しい環境の変化に適応し、恐竜が絶滅したほどの苦難も乗り越えた昆虫たちにもかかわらず、です。

養老　少なくとも、僕が子供のときからすると目に見えて昆虫は減っているよ。理由はいろいろあるけれど、昔の虫が予想だにしなかったであろう死因と言えば、やっぱり交通事故。ある調査によると、1台の車が廃車になるまでの間に、およそ1000万もの虫を殺すと言われています。

中瀬　1000万も！　でも、たしかに高速道路を走ると、必ずと言っていいほどフロントガラスにピシッ、ピシッ、と当たりますもんね。

丸山　即死なのは間違いないからね。東名高速道路だけで1日何万、何十万台もの車が走ることを考えても、ものすごい数ですよ。1台あたり1日で何千匹という虫を殺す計算ですから。

養老　これが本当の「甲虫事故」だね。あと、死因としてはコンビニや街頭、自動販売機も原因になる。あの、異常な明るさは虫の生態をかなり乱していますよ。

丸山　そうですね。雌を探しに行こうと思っている雄のガが明かりにつられて近寄って、そのまま交尾することなく死んでしまった事例は相当多いはずです。

養老　コンビニにふらふらと吸い寄せられ、ヤンキーのように明かりに集まってたむろしているとき、彼らは貴重な短い寿命をただ潰しているんだよね。

中瀬　それに、長時間ああいうところにいると、乾燥してしまいますからね。

養老　田舎や山の中にコンビニができると、最初の2、3年は猛烈に虫が集まります。だから、僕、実はコンビニに虫捕りに行くんですけど。

丸山　ハハハ、行かれるんですね。クワガタを捕る人も同じ理由でコンビニに集まってくると聞きました。

養老　そう。でも、4、5年目からはいなくなってしまう。集まり尽くして、虫が枯れてくるんです。日本はどこにでもコンビニがあるし、宇宙から見ても世界有数の「明るい国」でしょ？　あれだけ明るいと、虫の邪魔、相当していると思うな。

「清潔化」で虫が減った

中瀬　あと、昆虫が減っているとしたら、トイレの変化もあるでしょうね。それで、堆肥をやめて化学肥料に変えたから。昔はハエの数って、半端なく多かったでしょう。

丸山　うん、有名なところだとキンバエがいなくなりましたね。私が子供のころ、つまりたった30～40年前でもごはんを食べるときにはハエを手で追い払わないといけませんでしたし、食卓には必ず蠅帳《はいちょう》が置いてありました。でも、今はそんなことする必要がないですよね。東南アジアに行くと今でも食事の時間はハエとの戦いで、なんだか懐かしい感じがします。

養老　わかる、わかる。キンバエ、たまに見ると懐かしい気持ちになるよ。あと、死体関係の虫も減ったよね。死体に集まってくるハエの幼虫を食べる、ルリエンマムシとか。

丸山　ベッコウヒラタシデムシもそうですね。ゴミ溜めだったり、堆肥が積み重なっているようなところにしかいなかったものが減っています。

中瀬　生きられる環境がなくなってきているんですね。

丸山　うん。そういう虫は、野生動物がたくさんいたころは、その死体や糞に依存して生きていました。だんだん都市化が進んで野生動物がいなくなったときも、まだなんとか街中のゴミが居場所としてあった。でも、近年はそれもなくなってきていよいよ棲むところがなくなっています。

中瀬　街がどんどん清潔になるにつれ、虫たちは順々にいなくなってしまった、というわけですね。

養老　嫌われものの害虫って、だいたい汚いところに棲んでいるでしょ。そういう害虫の類は減っているから、喜ぶ人はいるのかもしれないね。

丸山　明確な理由が明らかになることは少ないですが、やはり環境の変化によって、関東では最も数が多いコガネムシだったドウガネブイブイは西日本から北上してきたアオドウガネに取って代わられましたし、ゴキブリは北海道でも見られるようになりました。

養老　ああ、そうだよね。昔は数十匹のドウガネブイブイのなかに1匹アオドウガネがいるかどうかだったのに、今はドウガネブイブイがめっきりいなくなってしまった。そういえば、広葉樹の枯れ枝に入る、ヨツボシカミキリもいなくなったね。

ドウガネブイブイ

丸山　昔はどこにでもいる普通の昆虫だったそうですね。私の学生時代にはすでにかなり珍しい虫でしたが。

養老　うん、昔はしょっちゅう庭で捕っていたんだけどね。ヨツボシと言えば、ヨツボシテントウダマシも見なくなったな。アオバアリガタハネカクシとオサムシモドキと並んで、海岸の松林の常連だったのに。

カブトムシは人がいないと生きられない!?

丸山　たしかに、松林の生き物は少なくなりました。しかし、中瀬くんがさっき言ったように、虫たちもただ減っているばかりではありません。もっと長い時間軸で見てみると、人間が生活するようになったことで増えた虫もいるんです。カブトムシがその代表ではないでしょうか？

養老　人間が薪を取るために育てたクヌギやナラの下、落ち葉をためてできた堆肥で幼虫は育つからね。そもそも、人間がいないときにヤツらはどうやって生きていたんだろう。もともと日本のカブトムシは、人間の見ていないところで樹皮を削って樹液を吸っていたのかな。

丸山　けれど、カブトムシって深い森の奥にはあまりいないんです。人間がいないところでは生息しにくい生態なのかもしれません。

中瀬　樹液が出る木だって、決して数が多いわけで

ヨツボシテントウダマシ

はありませんしね。人間が出現する前は、今とは違う生き方をしていたとも考えられるでしょう。たまたま人間のつくった里山的な環境が適合しただけで。

養老　なるほどね。逆に言うと、僕たちが普通に目にする昆虫は、全部人間が増やしたと言っても過言ではないのかもしれないね。トンボなんかは田んぼをつくるようになって増えた昆虫だから。田んぼの環境は、一種の氾濫原（川が氾濫したときに浸水する範囲）と考えられるでしょ？

丸山　そうです、そうです。「代償環境」とも言いますが、本来は氾濫原に棲んでいたような虫が、田んぼの出現、つまりは人間の開発によって安定的に生息できるようになったのは間違いありません。

養老　モンシロチョウだって、キャベツ畑も菜の花畑もない、本当の自然条件のなかではどうやって暮らしていたんだろうって考えると、どうも謎だからね。

中瀬　環境によって、行動が変わってしまう生き物もいます。鮎《あゆ》は縄張りを持つ魚でケンカっぱやいのですが、ある密度以上での生活を強いられると、もはやケンカもしなくなるそうです。あまりにも頻繁に縄張りに入ってこられるものだから、そのたびに防衛しているとエサを食べる時間もなくなるし、なにより体力を奪われてしまうのでコストが見合わなくなるんですね。そういう環境では群れをつくったほうがあらゆる利益を享受しやすくなることもあって、「縄張り鮎」は「群れ鮎」になるというわけです。人為的な開発によって、そうした変化を強いられている事例はたくさんあるでしょう。

養老　そういえば、東京都日野市に多摩動物公園ができたころ、大量のタヌキを狭いスペースに詰め込んだら縄張り意識がなくなったという話を聞いたことがある。それも同じかもしれないね。でも、みんながみんなそうなってしまうとも限らないのが面白い。カレキクチカクシゾウムシは逆で、焼畑を行った地域に大量発生して、それまでしてこなかった雌の取り合いのケンカをするようになったという例もあってね。これは、たまたま資源の奪い合いになりやすい密度で発生したからだと言えるでしょう。まあ、人間もだいたい同じようなものだよ。戦争を起こしやすい地域は、密度が「ちょうどいい」んでしょう。人が少なすぎたら戦争にはならないんだから。

造園業とともに国内を巡る

養老　僕が調べているゾウムシだと、日本には雌しかいない種がずいぶんいるのね。そういうゾウムシの原産地は中国やブラジルといった外国の場合が多いから、おそらく人間が雌だけ運んできたんでしょう。それで、「雄がどこにもいない!」というのっぴきならない事情で雄と雌のペアがつくれないとき、ゾウムシの雌は単為生殖を始めるのね。

中瀬 そうですね。

養老 柿の木についているサビクチブトゾウムシも日本では雌しか見当たらないけれど、中国に行けば雄も雌も両方います。その柿の木もおそらく中国原産で、雌だけが一緒に運ばれてきたんだろうね。

丸山 なるほど。

養老 クチブトゾウムシの仲間では、日本には雌しかいないというものがほかにも数種類いる。さらにもっと限定した環境だと、都会にいるのは全部雌、というヒゲボソゾウムシの仲間もいるんだよ。ツチイロヒゲボソゾウムシも東京や横浜、鎌倉の我が家の庭木にも生息しているんだけど、発見されているのはすべて雌。でも、箱根や山のほうまで行くと、雄も雌もちゃんといる。

中瀬 都会のゾウムシは雌だけで生殖している。不思議だなあ。

養老 国内での移動も同じで、ほとんど人間が運んでしまうんだよね。造園業はその典型です。

丸山　植物と一緒に虫も移動してきたというのは、よく聞く話ですよね。

養老　そうそう。ヒゲボソゾウムシってものすごく保守的で、もともといた木から動かないのね。それで僕が注目したのが、鳥取県の大山にいるキュウシュウヒゲボソゾウムシ。「大山にいる」といっても、実は、ある旅館の前のソメイヨシノでしか採集することができないんだよ。その名のとおり普通は九州にいる虫で、しかも移動できない虫だからこそ、あれはもともと大山にいたものではないって断言できるわけ。

丸山　なるほど、ソメイヨシノと一緒に九州から移住してきたんですね。そうやって、木と一緒に動いて新天地にやってくる生き物は相当数いるでしょう。

養老　うん、九州の造園業者が大いに働いてくれて、本州にもゾウムシがいろいろと増えているんだよね。箱根にはエグリクチブトゾウムシがいるけれど、天然だったら山口県が最東端だったはず。島根県のギリギリ西側、匹見というところまでかな。僕の観測だけどね。

丸山　へえ、そうなんですね。

養老　そこからポーンと飛んで、次は箱根で出てくるの。おかしいでしょ？　でも、箱根はリゾートだから、造園業が入ったと容易に想像できるんだよね。それから、沖縄特産のはずのサカグチクチブトゾウムシ。今は東京農業大学にも奈良公園にもいるんだけど、いかにも造園業が入りそうなところでしょ。

丸山　本当ですね。そういえば、東京の野鳥公園には、沖縄に生息するコガネムシ科のリュウキュウツヤハナムグリが大量にいるそうです。このままだと、もともとそこで普通種だったシロテンハナムグリが駆逐されてしまうんじゃないかと心配で。

養老　ああ、あそこにはリュウキュウツヤハナムグリとアカボシゴマダラがいて、絵面がまるで南国、奄美大島みたいだってね。

アカボシゴマダラ

リュウキュウツヤハナムグリ

丸山　そもそも、ツヤハナムグリは八丈島で増えていたんですよね。そこから船に飛び乗ってきて、竹芝桟橋にたどり着いたんじゃないかと思います。野鳥公園は海っぺりにある公園ですし。

昔は岐阜も箱根もハゲ山だった

養老　人が運んで、モザイク模様みたいに分布が変わる。大陸移動とは意味が違うけれど、これもまた興味深い現象だね。極端な言い方をすれば、突然ある場所にポン、といるやつはだいたい人間が運んだものかもしれない。でもね、それで「生態系が乱れる」なんて僕は思わない。生態系っていうのは、そんなにガチガチに決まっていて融通が利かないものではないはずです。

丸山　そうですね。もっと緩くて、もっと柔軟なものだと思います。生物は多様だから、たとえ1種に何かがあっても案外大丈夫なんです。もちろん、ブラックバスやアメリカザリガニのように、たった1種の生物が日本の環境に壊滅的な打撃を与えてしまう場合もありますから、楽観的に考えすぎるのもいけませんが。

養老　ほかに問題があるとしたら、それが増えすぎちゃうことかな。たとえば、特に日本海側のナラ類を集団枯損《こそん》させたことで知られるカシノナガキクイ。

丸山　たしかに、あんなに小さいキクイムシが食い荒らしまくっているということは、明らかに数が多すぎるのでしょう。キクイムシに関しては人間が運んだかどうかわかりませんが、背景には環境の変化もあったんでしょうね。

中瀬　あの集団枯損についてはよくわかっていないんですよね。ただ、今の日本の森林は、高度経済成長期の少し前から薪を「取らなくなった」ことが原因でバランスを崩しているとは思います。木を伐採することのほうが森林破壊だ、環境破壊だ、と思われそうですが、そもそもそれ以前は何十年も林を放置するということがなかったんですよ。ここ数十年で、何が起きるかわからない壮大な実験をしていたようなものです。それで、その結果、「なんだか特定の虫が増えてきたぞ」というのが最近の状況で。

養老　放置された森は虫にとっては一見いい環境だけど、その「いい環境」のなかにナラ類の天敵であるキクイムシが入ってしまったのかな。日本海側に行くと、春でも枯れているからね。新緑が見えないんですよ。

丸山　「原生林」と言うと太古の昔からいじっていない森を指しますが、そうでなくても、その地方の環境下で安定した生物量や種組成を保っていれば「原生林に近い環境」とは言えます。一度ハゲ山になっても、100年程度、早いものだと数十年で立派な森に再生するんですよ。それくらい成長速度がある日本の森だから、人間が薪を取るために間引いていたくらいでちょうどよかったのかもしれませんね。

中瀬　江戸時代まで、日本の山なんてほとんどハゲ山でしたからね。森林なんて伐《き》り尽くしてしまって、ほとんど何もなかったはずです。なんせ、岐阜の山奥でも松が点々と生えている程度だったと言われていますから。

養老　そのとおり。江戸の終わりくらいまでそんな感じで、残っているのは御留林《おとめりん》(保護林)くらいだった。木曽には、「ヒノキは切るべからず」というルールがあったけど、ほかの木は切ってもよかったんだよね。だから、自然とヒノキの純林になっていった。箱根にも函南《かんなみ》原生林というのがありますが、あれも御留林だから残ったんでしょう。箱根といえば、箱根湯本の山も今は完全に木が生えているけれど、幕末期の写真を見ると背景が全部草っ原。木なんて1本も生えていない、丸っぱげの風景です。

中瀬　だいたい、原生林じゃなくとも、ある程度昔から木が残っているところであれば樹齢200年、300年の太い木が今もボコボコ生えているはずなんです。でも、そんなところは日本中見てもなかなかありません。周りの山を見ても、だいたい40～60年くらいのものでしょう? つまり、私たちが見ているのは戦後の木、しかも、燃料が化石燃料中心になってからの木です。だから、江戸時代と現代では、昆虫の種類も変わっていると思いますよ。「虫が減っている」というイメージが強い現代でも、逆に増えている種も少なくないと私が考えている理由はここにあります。

養老　なるほど、よくわかるよ。一言で「自然が減っている」というのもまた、現代人の幻想のひとつかもしれないな。まあ、言えることは、減ったのは草原性の昆虫で増えたのは森林性の昆虫ということだね。そして、湿地にいる昆虫なんかは間違いなく滅びつつあるでしょう。湿地があるころの東京には、栃木県の渡良瀬《わたらせ》遊水池にいるような昆虫がブンブンしていたんだけど。春先になるとほんの小さい甲虫がうるさいくらい飛び回っていて、木漏れ日が差せば虫がウヨウヨ見える、という感じでした。

丸山　関東平野はもともと巨大湿地でしたからね。ネクイハムシやゴミムシの楽園だったでしょう。今や、渡良瀬遊水池ですらだいぶ絶滅してしまいましたね。

すっかり見なくなった赤トンボ

養老　絶滅と言えば、最近、ミツバチの大量死が話題になっているでしょう？　養殖している巣箱の中でみんな死に絶えていたり、そもそもごっそりいなくなってしまったり。

丸山　はい。原因はいろいろと言われていますが、いちばん有力なのが、ネオニコチノイドという農薬です。これは植物の体に徐々に浸透するタイプの農薬なので、ミツバチの集める花粉や蜜に入り、それを口にしたミツバチの体に蓄積していき最終的に致死量にいたるのではないか、と言われています。例のモンサント社も製造しているやつですね。

養老　ネオニコチノイドは、EUでは2013年に2年間の使用禁止になっているよ。日本でも北海道で大量死しているけれど、まだ公式には禁止されていないはず。とりあえず、自治体で使用を自粛しているところはあるみたいだけどね。これ、もともとは水田の害虫であるカメムシ対策で使っているんだけど、回り回ってミツバチが被害を被っているんだよね。びっくりしたんだけど、この手の農薬って、種や苗の段階で農薬に漬けておくともう手を入れなくていいのね。

丸山　あ、そうなんですよ。手入れが楽なので普及したんです。

養老　それってさ、すごく怖いことじゃない？　強い薬って、非常に便利だけど、怖いものなんですよ。マラリアの予防薬だって、1粒飲んだら1週間飲まなくていいものがある。これは、1週間も血液中における薬の濃度が保たれるという意味でしょ？　ということは、もし副作用が出てしまったら、1週間苦しみ続けないといけないということです。クロロキンという薬にいたっては、強すぎて視覚障害まで起こす副作用が見られたんだよ。マラリアを予防するために目を失うんじゃ、話にならないと思うんだけど。

丸山 そんな恐ろしい危険性を孕《はら》んでいても、農家の方にしてみたら手放しがたいものなんでしょう。一部の昆虫がなるべく楽をするために寄生虫として適応してきたように、人間がなるべく楽をするために生み出したものだと思います。

中瀬 ミツバチと同じ理由で近年明らかに数が減っているのが、アキアカネ。いわゆる赤トンボですね。ネオニコチノイドに加え、フィプロニルといった数種類の農薬によって危機を迎えていると言われています。これも苗を植える段階で染み込ませておくと、やっぱり田植えをして収穫するまで害虫が湧かないんですよ。でも、稲からじわじわと薬が水田に滲《にじ》み出して、ヤゴが卵からふ化するときにやられて死んでしまうんです。

丸山 かつては湿地に棲んでいたアキアカネが田んぼに居を移し、重要な生息地になっていたのに。

養老 同じように、最近はキャベツ畑に行ってもモンシロチョウを全然目にしないでしょう。三浦半島のキャベツ畑とダイコン畑で1匹もいないなんてどうなっているんだ、と不安になるよ。まあ、人間がせっせと退治しているんだろうけど。

中瀬　家庭菜園規模で育てているところでは、たまに目にしますからね。産業として畑をつくっているところは食われると困りますから、徹底して殺しているのでしょう。

養老　ハチやトンボ、モンシロチョウがいなくなったって困らねえって人もいると思うし、まあ、実際困りはしないんだけどさ。

丸山　そうですね。ただ、特定の花に集まって受粉の役割を担っていた昆虫がいなくなったら、実ができなくなってしまいます。すると、その実を食べていたほかの動物がいなくなってしまう、という影響はあるかもしれません。

失って初めて気づくのが人間

中瀬　ミツバチの大量死はなぜ大問題になったかというと、特にアメリカで明らかな経済的損失があったからです。その金額を見て、「これは大変なことになった！」と青ざめたのが、ミツバチ業者と農家の人たち。ほかにも、ミツバチがいなくなることで多様性が失われたりバランスが崩れたりといった害が出ているのかもしれないですが、いかんせん、金額として出てこないとわかりにくいんですよね。

養老　アメリカでは、ミツバチは蜜を取るための存在ではなく農作物の受粉業者なんだよね。あまり知られていないことだけど、ミツバチ業者は、シーズンになると大型トラックにミツバチの巣箱を積み込んでお客さんである農家に運び、そしてミツバチたちにせっせと受粉させるの。たとえば、カリフォルニアのアーモンド農家。アーモンドの花は2月に咲くんだけど、2月なんてまだ寒いから、カリフォルニアのミツバチは全然働かないでしょ？　それで、フロリダからミツバチを運んできてもらって、1日いくらで借りる。アメリカの畑は広大だから、人の手じゃどうしようもないんだよな。それで、巣箱の蓋を開けてあげると、ハチはフロリダのつもりで巣箱からブンブン出ていって仕事をする。

丸山　フロリダのつもりで（笑）。

養老　そう。それで、働いたミツバチが帰ってこない、もしくは巣箱の中で死んでしまうというのが、この大量死問題です。農家にしてみたら、受粉者がいないとどうしようもないんだよね。普通は野生の虫がやる作業ではあるけれど、それだと確度が低いから。

丸山　ハチがいなくなって、アメリカの農家はどうしてるんですかね？

養老　人間が代わりにせっせと受粉させるしかないんじゃないの。雇用が増えていいんじゃない？

中瀬　うーん。農家の人だけでなく、1箱1日いくらでミツバチの受粉業をしていた人たちも困ってしまいますよ。とはいえ、どうやってミツバチを呼び戻せばいいのかわからない。もとどおりになるのかもわからない……こうやって「直接問題が降りかかってくる段階」まできて、ようやく環境がダメージを受けて、多様性が劣化して、簡単には戻れないところに来ていることに気づくんですよね、人間は。

丸山　戻せるにしても、壊したよりずっと金もかかるしね。

養老　そうそう、中国に行くともっとすごいよ。中国のリンゴ園、見たことある？

中瀬　いえ、ないです。

養老　ここもミツバチがいなくなったから、受粉が人の手作業なんです。家族か地域か知らないけれど、総出でやっていますよ。普通そんなこと、やります？　楽をするために、怠けるために進化するのが生き物だって話を散々しておいてなんですが、まったく真逆なことをやっている。人間ってバカでしょう。本来なら怠けられるところを、虫を追放しちゃったばかりに自分たちでやるしかなくなっちゃったの。「人間がハチをやっているよ」と思って見ていましたね。

中瀬　たしかに、人間がハチをやっている。

養老　しかもさ、中国では花粉屋さんみたいな人がいて、農家に花粉を売っているんだよ。それが商売になるって、すごいでしょ。そこまでいくと、戻せないというより戻さないよ。だって、花粉を売って儲けている人がいるんだもの。あそこまで人工的な社会は異常だと思いますね。

中瀬　そうならないように、日本では多様性もある程度は尊重して、自然を保全して、という話になることが多いんでしょう。とはいっても、多様であればまたそこから害も出てくるし、ひとつの害を潰してもポッと新しい害が出てきたりする。自然のなかには人間が考えつかないようないろいろな害虫がいますから。まあ、それも多様性の効果なので、そこどう付き合っていくかが難しいところですね。

養老　まさに、おっしゃるとおり。今の人は、因果関係がはっきりしていて明確な答えがある状態じゃないとイライラしちゃうんだよね。深く考えることをしないで、わかりやすい答えに飛びついちゃう。ミツバチの話だって、何も農薬の仕業だけじゃないんだよ。ダニの影響もあるし、ウイルスの問題もあるはず。けれど、すぐに「じゃあ、結局どれがいちばんの問題なの?」という考え方になるでしょう? 自然なんて多様性が絡まり合ってできているようなものなんだから、決めつけないで適当なところで収めるしかない、ということを理解できればいいんだけど。

公園づくりは間違いだらけ

養老　虫に限らず、今の人たちは外に出て自然と触れ合う機会が少なすぎるんじゃないかな。イヌでもネコでもトリでもいいから、生き物と自然環境に接してほしい。お日様が出て、だんだん陰って、風向きが変わって、温度が変わる。そんなの高層ビルの20階にこもっていたって感じられないでしょ？

丸山　知り合いの編集者の方が面白いことを言っていました。彼によると、最近アメリカのＩＴ企業は高層ビルに入らなくなってきているそうなんですね。アップル、グーグル、フェイスブックは全部フラットオフィスになったそうですよ。アマゾンなんて、シアトル新本社にバイオスフィア２（１９９１年にアリゾナ州に建造された、巨大な人工生態系施設。１００年持続する予定だったが、食料問題や酸素不足などあらゆる問題に見舞われ、２年間で計画は中断された）のような球形の温室をつくって、その中に植物を生い茂らせるそうですから。世界中の山岳地帯の生態系をモデルにするとかで。

養老　へえ、それまた気持ち悪いな。

中瀬　縦方向に伸びていった反動ですかね？　アメリカ人らしいけれども。

養老　ニューヨークでは働き盛りの人が、仕事の前にわざわざセントラルパークでジョギングするんですよ。そんなに自然のなかで走りたかったら、モンタナで木こりでもやってればいいのにと思うんだけど。日本だって、皇居の周りを走っているから同じようなものだけども。

中瀬　ええ、皇居の周りはランナーのための便利な施設もたくさんありますしね。

養老　しかもさ、マスクしながら走っているの。たぶん花粉症なんだろうけど、そこまでして緑の周りをぐるぐる走るなんて、もう末期だと思ったね。みんな、本当の自然を知らないからあんな環境をありがたがるんだよ。

丸山　まあまあ（笑）。でも、たしかに都会の公園は植えてある木もつまらないですもんね。全然虫のことを考えていないし。

中瀬　そうですね。どうやったら面白い公園になるんでしょうか。

丸山　まずは、枯れ枝を放置しておく。そして、園芸の草花は植えない。そして、常緑樹を減らす。これでどうだろう？

中瀬　ああ、いいですね。きっと、今ある木を半分切って、そのまま放置するだけでだいぶ変わると思います。あとは、勝手に生えてきた木にシフトしちゃえばいいですね。

丸山　常緑樹って、人間側の見栄なんですよ。一年中緑っぽく見えるから。でも、常緑樹ばかりにするとかえって暗い公園になってしまうし、下草（木陰に生えている雑草）も生えてきません。落葉樹は冬になったら公園も明るくなるので、一押しです。

中瀬　そう考えると、都市部では「いい感じの公園」ってないですよね。

養老　落ち葉が付近に飛んでいくだとか、文句を言われるのでしょう。

中瀬　あ、でも、私はどちらかというと文句を言うほうかもしれないです……。

丸山　ええー？

中瀬　いや、つくばの街路樹は落葉樹のケヤキなんですが、秋になると葉が一斉に落ちて、歩道がしばらくぐちゃぐちゃになるんですよ。だから、もう街のなかに無理に木を植えなくていいんじゃないかと思うんです。

丸山　まあ、たしかにそうだね。

中瀬　街路樹はともかく、日本全国の自然公園はかなりパターン化されているので、もっと面白くできると思います。それこそ、街路樹の落ち葉を公園の一カ所に集めて積んでおけば、そこからカブトムシだって捕り放題になるでしょうし。

丸山　自然型の公園をつくるとき、私たちのような虫屋に声をかけてくれたらいいんですけどね。ビオトープ（生態系を育むためにつくられた生息空間）も、コンクリートで固めても意味はありません。穴を掘って、放っておくのがいちばんいい状態なんです。

養老　そうそう。とりあえず、何もしないのがいい環境だよ。

中瀬　園芸や造園、都市景観学の常識と生物多様性の理論は、まったく噛み合っていない感じがしますね。

丸山　わかる、わかる。とりあえず緑をつくっておけばいいや、ではなくて、その樹種は何なのかというところも、もう少し気にしたほうがいいと思います。

養老　明治神宮は比較的いい生態系ができているよ。今の森の形は100年前につくられたんだけど、なんせ、当初から150年計画でつくられている。植樹したら手を加えない、参道に落ちた落ち葉も森に返す、とつくり込み方も丁寧でね。この前、植樹して以降初めて調査に入ったら、150年ばかり後に完成するはずだった生態系がもう出来上がっていたというから驚いたなあ。余談だけど、林野庁の人ってミズキのような有用性のない雑木をボコボコ切っていくんですよ。別に切るのは悪くないんだけど、人の顔くらいの高さで切るから「いかにも切りました」という感じになるんだよね。これが造園か、とある意味感心したよ。

中瀬　とはいっても、有用性がないっていうのは林野庁目線であって、虫が好きなのは「有用性のない木」なんですよね。

養老　日を入れるために切らないといけないから、どうせ切るなら雑木をということでしょう。公園づくりについてはとりあえず、中瀬くんも言っているように周りが暗くなる常緑樹を切ることから始めればいいんじゃないかな。

中瀬　あと、私は花粉症なので、スギやヒノキへの憎しみも強くって。とにかくスギを見ると「切ったほうがいい」と思いますね。

丸山　ハハハ、だからもう、花粉症で悩んでいる中瀬くんのような人のことを考えると、スギ林を全部切って放っておいて、広葉樹の林にしてしまえばいいと思うんですけどね。虫も増えるし。

中瀬　うーん、スギを切る、切らない議論のとき、よく「切ったあと何を植えるのか」という話になるじゃないですか。でも、さっきの街路樹の話じゃないですけど、何も植えないという選択肢があってもいいと思うんですよ。切ってしまえば、勝手に何か生えてくるでしょうから。

丸山　ああ、そうだよね。鳥が種を運んでくるし、土の中にも埋蔵種子はたくさんあるだろうから。

日本の森の回復力は強い

丸山　ちょっと昆虫からは逸れてしまいますが、環境が著しく変化してきたのは何も都市部だけの話ではありません。日本中どこを見ても、本当の意味で人の手が入っていない環境での調査はもうあり得ない、と言ってもいいでしょう。

養老　僕が20年前に行ったオーストラリアでは、ヘリコプターで頂上に下ろしてもらって、道なき道を歩いて虫の調査をしてね。危ないことをするもんだと思ったけれど、あれが今まででいちばん原生に近い環境だったかもしれない。日本だと、南西諸島とかは原生ではないのかな？

丸山　いやあ、違うんじゃないでしょうか。相当昔ですが、1回切られていますよね。屋久島ですら、目立つ屋久杉は江戸時代に全部切っています。

養老　今残っているのは、そのとき切り損ねた、というか切りづらい場所にあったやつだもんな。

中瀬　はい。だから、山ひとつ、2つ越えないと縄文杉には行けません。

丸山　本当の意味での原生は、九州だと大分から熊本、宮崎にかけてのいくつかの山の上部くらいでしょうか。あとはほとんど人間が植えたスギ林です。

中瀬　スギが植えてあるところは、昔ハゲ山だったか焼畑をやっていたかのどちらかが多いんですよね。だから、もとある木を切ってむやみにスギに植え替えた、というわけではなさそうですけど。

養老　うん。紀伊半島は、平安時代から植林の記録がある。近くに都があったからね、盛んに切っていたんでしょう。

中瀬　でも、日本は切ったあとの回復速度が速いですよね。ゼロになっても、そこからまた生えてくる。数年前に松枯れがひどかった奄美も、もう新しい松が生えてきていて、低いながらも林が戻ってきています。使わなくなった道があれば、すぐアスファルトを突き破って松が生えてきますから。

養老　桜島だって1914年の大噴火からしばらくは何も生えていなかったけれど、今は立派な松が生えていますよ。富士の樹海だって、もとは西暦800年ごろにできた荒れ地だと言われています。それが、1200年経つとあんな姿になる。浅間山は1783年に噴火したあとにまた植物が戻ってきているし、桜島も今、同じプロセスを経ているでしょう。

中瀬　日本は湿潤ですから、回復力が高いんでしょうね。一方、ヨーロッパや中国では数千年前に切った林がそのまま丸裸で残っています。日本も明治時代まではハゲ山だらけだったと考えると、一気に森が増えましたね。

丸山 とはいっても、19世紀に日本に来たイギリスの昆虫学者、ジョージ・ルイスは死ぬほど虫を捕って帰国したわけですから、森がなくても虫はいたんですよね。日本のなかでよく目につく虫で日本人が初めて見つけた虫ってほとんどいなくて、だいたいルイスが見つけたんです。好蟻性昆虫も、ルイスが相当採集しています。

養老 どんな手法で採集していたんだろうなあ。きっと、かなり上手だったんでしょう。ちょっと見てみたいね。

丸山 彼は「日本は、歩けば顔にぶつかるほど虫が多かった」とエッセーに残していますから、もしかしたらそんなに苦労してはいないのかもしれません。ハゲ山だけれども、日本全体で水も空気もきれいだったに違いないし、自然の活力があったというか、虫が多かったんだと思います。

養老 へえ。だから2度も日本に来たのかな。でも、日本人だって、もともと昆虫に興味はあったと思うんだよな。伊藤若冲《じゃくちゅう》の絵を見ていると昆虫に興味があったのは間違いないし、円山応挙のチョウの絵なんて、見るだけで種類までわかる。ただ、分類しようというモチベーションがなかっただけで。

丸山 今の昆虫学は、明治以降に西洋から入ってきたものですからね。

養老　まあ、虫の名前がわかったって実用性はないからね。見る目だけは粛々と養っていたということでしょう。あと、日本がハゲ山から驚異のスピードで回復を遂げたのは、火山のおかげですよ。文明が滅びたところと続いているところを世界的にたどって見てみると、その条件のひとつに火山があるかないかがある。つまり、どれくらい豊かな土か、という話だね。意外かもしれないけれど、火山灰は栄養があるんです。一方で、たとえば熱帯地方の黒土は表層の5センチくらいしかなくて、雨季で簡単に流れてしまうでしょう。すると粘土状の赤土が顔を出すんだけど、この土には植物が生えないんだよね。

丸山　なるほど。

養老　インドの風景を見ていても、「あれは2000年前に森を切ったところだな」と、なんとなくわかるんだよね。中国もそうで、大陸的というか、ガラーンとしている。

中瀬　日本みたいに、簡単には生えてこないんですね。

養老　そう。日本は、いじめても、いじめても生えてくるからね。ところで、現在の東京に生えている木、なんだか相当古くなってきているよね。

丸山　そうですね。ソメイヨシノがみんなそろそろ寿命にさしかかってきていて。

中瀬　オリンピックのころに植えたものが、60年経って限界を迎えているんですよね。

ソメイヨシノの寿命は50年くらいですから。40年経つと老木のような雰囲気になって、下から腐ってきます。ですので、今、東京には養生しているソメイヨシノがとても多いですよ。

養老　鎌倉の鶴岡八幡宮の段葛《だんかずら》（一段高くなっている参道）の桜も、それで全部抜いてしまったね。2年くらいかけて植え替えるんだって。それでまたソメイヨシノ植えるんだと言っている。別の品種を植えたら、と思うけど。

丸山　たしかに（笑）。もっと寿命の長い品種があるでしょうに。

養老　木々の老朽化のせいかわからないけれど、今、都内にはカブトムシやコクワガタが普通にいるんだって。原宿と渋谷の間にあるクヌギにもいるって聞いたよ。おそらく、明治神宮から来ているんでしょう。

丸山　ああー、古木には虫が集まりますからね、中がボロボロになって。

養老　白金にもノコギリクワガタがいっぱいいるしね。あの近くにある有栖川《ありすがわ》公園やフランス大使館に植えてある木もずいぶん古いから、カブトムシやクワガタがうまく育つ環境が出来上がっているんだと思う。

中瀬　とにかく、人間側の都合で虫は増えたり減ったりしているということは間違いないですね。

次世代の虫屋を育てるには？

丸山　さて、最後の話題は「虫屋後継者をいかにつくるか」……と言うと大げさですが、「ジャポニカ学習帳」の表紙から昆虫が消え去るという事件まで起こってしまう現代において、子供たちに昆虫に興味を持ってもらい、立派な虫屋に育てるにはどうすればいいでしょうか？

中瀬　やっぱりカブトムシじゃないでしょうか。やっぱり、インパクトのある大きいサイズの虫を捕ることが大事な気がします。ある程度、自然環境があるところならストッキングにバナナやパイナップルをぐちゃぐちゃにして入れるだけでも昆虫は集まってきますし、木に塗っておくのもいいでしょう。

丸山　うん、たしかに、目立つ昆虫がとっかかりにはいいかもしれない。

中瀬　私自身、昆虫に興味がない人に見せるときは、大きかったり光沢があったり色がきれいだったりするものを選びます。やっぱり、反応が違うんですよ。でかくて金ぴか、と考えるとカブトムシかタマムシあたりがいいのかなあ。タマムシであればどこでも簡単に捕れますし。夏の暑い時間に飛んでいるので、その時間に近くの森林公園に行って網を持って走り回れば何匹かは網に入るでしょう。

丸山　じゃあ、まずは長竿を準備してもらわないとね。

養老　そうそう、虫は意外と高いところを飛んでいるからね。あとは、エノキの切り株があったらいいんだけど。立ち枯れたエノキには、ハチだのゾウムシだの、何かしらくっついているはずだよ。

丸山　じゃあ、まずはエノキを切り倒すところから始めましょうか。

中瀬　ハハハ、2月くらいに切っておけば、夏には採集できますかね。

丸山　そういえば、少し前に「ムシキング」というゲームが流行ったでしょう。あの影響を感じたことはありますか？

中瀬　うーん。一過性だったかな、と感じますが……。

丸山　そうなんですよね。あれから昆虫少年が育ったという話をあまり聞かないなと思っていて。やっぱりミーハーに走るだけじゃダメなんだなと。で、どうすればいいかなと思って、最近は博物館で昆虫教室を開いたりしています。身近な虫であるセミをつかまえて標本にするまでを教えたのですが、それもどうも教育っぽい感じがしすぎて。試行錯誤中ですね。

養老　それこそ、デジカメを使ったら面白いことができるかな。

丸山　あ、たしかに。でも、やっぱり撮るだけじゃなくて捕ることも経験してほしいんですよね。最近は、親があまりにも殺生《せっしょう》を嫌がる傾向があります。たしかに「かわいそう」ということを教えるのも大切ですが、自分が殺した昆虫と向かい合って残念な思いを持つ、という経験も大事なんじゃないでしょうか。

中瀬　実際に飼うのもいいですよね。蛹がチョウチョに羽化するところを見るって、強烈な経験じゃないですか。

丸山　あ、僕もそれから入ったかもしれないなあ。アゲハチョウの姿、覚えています。

養老　きっと、何も難しいことをする必要はなくて、ただ虫がいる環境に連れていけばいい。そうすれば、ほかの生物も自然と目に入るんだから。

丸山　たしかにそうですね。カニであれ、エビであれ、タヌキであれ、とにかく人間以外の生き物の存在を感じられるところがいいかもしれません。

さて、ここまで、ただただ純粋に面白い昆虫の生態、人間が学ぶべき昆虫の生態、そして人間が左右する環境に棲まう昆虫の実態についてざっくばらんに議論してきました。下手に擬人化しないように気をつけましたが、人間と重なる部分が多々あることは読者の方々にも納得していただけたのではないかと思います。

ただ、忘れてはいけないのは、昆虫のことを知ったからといって、今すぐに何かを実用的なものに生かせる、という単純なものではないということです。養老先生がおっしゃっていたように、昆虫を知れば知るほど「世の中の答えはひとつではない」「見ている世界がすべてではない」ということを痛感します。あるかどうかわからない、意識の外にあるものを妄想する楽しみ。ぜひ、昆虫を追いかけて実感してみてください。

虫屋の世界で待っています。

おわりに　中瀬悠太

今回の本の中には、非常に珍しい虫の写真がたくさん使われている。64ページのメクラゲンゴロウもそのひとつで、国立科学博物館所蔵の貴重な標本を借りて撮影したものである。メクラという言葉が虫に使われている例として触れているだけだったように思うが、名にメクラを冠する虫はたいてい地下に棲んでいる昆虫で、採集が困難なこともあって別格の扱いを受けることも多い。

地下水生ゲンゴロウは扇状地の伏流水に生息するが、扇状地というのは水害の影響を受けにくく、井戸を掘れば水にも困らないので昔から住居地として使われてきた。なので、民家を勝手に掘り返して虫を捕るわけにもいかず、かつては井戸を汲み上げて採集していたらしいのだが、上水道が普及して、井戸もほとんど使われなくなったため、現在は生息の確認も困難になっている。

個々の魅力を語る際、昆虫は2種類に分かれるように思う。まずは大きいとか、きれいだとか、格好の良い角が生えているなどのわかりやすい特徴が魅力であるもの。そしてもうひとつは、たとえばアリそっくりの姿になっているもののように、区別がつかないとアリにしか見えないが、違いがわかって初めて紛らわしい姿をしている特異さに気づき、やっとその魅力がわかるものだ。前者のわかりやすい魅力のほうが多くの人の心をつかめるのだろうが、これまでの研究生活で訴求力に乏しい小さい虫を扱ってきたせいか、どうしてもやや魅力を伝えにくいような虫のほうに愛着を持ってしまう。だから、本書の話題もそちらに偏りがちだったかもしれない。

一見小さくて地味な虫であるメクラゲンゴロウにしてもそうだが、キバハリアリ（ブル・アント）にそっくりのカリバチの一種なんかはカラーパターンがアリそっくりになっているうえに翅まで小さくなっていて、ハチとしてはかなり異形のすごい虫である（91ページ）。であるのだけれども、アリとハチの区別ができないと、小さい翅はあるけれどただのアリにしか見えないので、すごさもよくわからないということになる。

本書では、小松貴さんに本当に多くの写真を提供していただいた。珍しい昆虫の写真を含め、これだけ多くの写真を持っている方はほかにいないはずで、こころよく写真を提供してくれたことに感謝したい。キリタンポノミバエなどは憧れの虫のひとつなのだが、生態写真が出てくるのもすごい（79ページ）。ユモトゴキブリについては、このゴキブリの共生相手であるフクラミシリアゲアリの巣を棒で叩いてアリの猛攻撃を経験するところまでしかしてない身としては、機会さえあれば巣を分解して中にいる生きたゴキブリを見てみたいものである。

長時間膝を突き合わせて虫についてじっくり話すというのはあまり経験のないことで、いくつかの話題にそって話すというのは私にとってほぼ初めての経験であった。背景が違うお二人の話から、独自の視点やこれまで知らなかったお話をたくさん聞くことができ、勉強になることもとても多く、新鮮で大いに楽しませていただいた。

一般向けの書籍にしっかり関わるのも初めての機会だったので、対談（鼎談）のやり方から文章への起こし方等々、新書（本文庫の親本）ができていく過程を、大変興味深く見させていただいた。私がろくに話せなかった部分でも、原稿になってみると自分の意図をうまく汲み取った発言に整えられていて、編集の妙技に驚かされるということもあった。

途中、ライターの田中裕子さんや編集の古川遊也さんが苦心してわかりやすくしてくださった表現の多くを、正確だが見慣れないであろう専門的な言葉に直したので、もしかするとわかりにくくなっている箇所もあるかもしれない。ただ、このほうが実際の鼎談の雰囲気はよく表しているのではないかと思う。

この本を読んで、足元や身の回りあるいは遠くにいる虫と、できればその小さな生き物たちに熱意を注いでいる人々がいることを少しでも知っていただければ、そしてさらに興味を持っていただければこれに勝る喜びはない。

取材・構成／田中裕子（ｂａｔｏｎｓ）
カバー写真／丸山宗利撮影。
本文昆虫写真／特に記載のないものはすべて小松貴撮影。

光文社未来ライブラリーは、
海外・国内で評価の高いノンフィクション・学術書籍を
厳選して文庫化する新しい文庫シリーズです。
最良の未来を創り出すために必要な「知」を集めました。

本書は2015年8月に光文社新書として刊行したものを、
加筆修正して文庫化したものです。

光文社未来ライブラリー

昆虫《こんちゅう》はもっとすごい

著者 丸山宗利《まるやまむねとし》 養老孟司《ようろうたけし》 中瀬悠太《なかせゆうた》

2023年8月20日 初版第1刷発行

カバー表1デザイン 大藪デザイン事務所
本文・装幀フォーマット bookwall
発行者 三宅貴久
印 刷 堀内印刷
製 本 ナショナル製本
発行所 株式会社光文社
〒112-8011東京都文京区音羽1-16-6
連絡先 mirai_library@gr.kobunsha.com (編集部)
03(5395)8116 (書籍販売部)
03(5395)8125 (業務部)
www.kobunsha.com
落丁本・乱丁本は業務部へご連絡くだされば、お取り替えいたします。

ISBN978-4-334-10011-7 Printed in Japan

光文社未来ライブラリー　好評既刊

第1感
「最初の2秒」の「なんとなく」が正しい
マルコム・グラッドウェル
沢田 博
阿部 尚美 訳
一瞬のうちに「これだ！」と思ったり、説明できない違和感を感じたり。この「ひらめき」がどれほど人の判断を支配しているのか、多くの取材や実験から、驚きの真実を明かす。

子どもは40000回質問する
あなたの人生を創る「好奇心」の驚くべき力
イアン・レズリー
須川 綾子 訳
「好奇心格差」が「経済格差」に！　知ることへの意欲＝好奇心は成功や健康にまで大きな影響を及ぼす。好奇心はなぜ人間に必要なのか、どのように育まれるかを解明する快著。

誰もが嘘をついている
ビッグデータ分析が暴く人間のヤバい本性
セス・スティーヴンズ＝ダヴィドウィッツ
酒井 泰介 訳
検索は口ほどに物を言う！　グーグルやポルノサイトの膨大な検索履歴から、人々の秘められた欲望、社会の実相をあぶり出した全米ベストセラー。（序文・スティーブン・ピンカー）

ありえない138億年史
宇宙誕生と私たちを結ぶビッグヒストリー
ウォルター・アルバレス
山田 美明 訳
今の世界を理解するには、宇宙誕生から現在までの通史——「ビッグヒストリー」の考え方が必要だ。恐竜絶滅の謎を解明した地球科学者による科学エッセイ。鎌田浩毅氏推薦・解説。

数字が苦手じゃなくなる
山田 真哉
168万部の『さおだけ屋はなぜ潰れないのか？』の続編にして52万部の『食い逃げされてもバイトは雇うな』シリーズ（上・下）を合本。数字の見方・使い方を2時間でマスター！